Schwarze

Aufgabensammlung zur Mathematik
für Wirtschaftswissenschaftler

NWB-Studienbücher · Wirtschaftswissenschaften

Aufgabensammlung zur Mathematik für Wirtschaftswissenschaftler

Von Professor Dr. Jochen Schwarze

5. Auflage

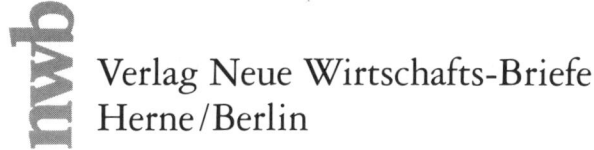

Verlag Neue Wirtschafts-Briefe
Herne/Berlin

Die Deutsche Bibliothek – CIP-Einheitsaufnahme

Schwarze, Jochen:
Aufgabensammlung zur Mathematik für Wirtschaftswissenschaftler /
von Jochen Schwarze. – 5. Aufl. – Herne ; Berlin : Verl. Neue
Wirtschafts-Briefe, 2002
(NWB-Studienbücher Wirtschaftswissenschaften)
ISBN 3-482-43315-1

ISBN 3-482-**43315**-1 – 5. Auflage 2002
© Verlag Neue Wirtschafts-Briefe GmbH & Co., Herne/Berlin 1990

http://www.nwb.de

Druck: Druckerei Plump KG, Rheinbreitbach.

Vorwort

Die Mathematik für Wirtschaftswissenschaftler, wie sie heute an Universitäten, Fachhochschulen und Berufsakademien zum Pflichtprogramm für Studierende der Wirtschaftswissenschaften gehört, beansprucht viele Studierende in der ersten Phase ihres Studiums sehr stark, da sie beim Erlernen der für das Studium notwendigen mathematischen Grundkenntnisse mit mehr oder weniger großen Schwierigkeiten zu kämpfen haben. Inhaltlich beschränkt sich die Mathematik für Wirtschaftswissenschaftler meistens auf Grundlagenwissen aus Logik, Algebra, Mengenlehre und Kombinatorik, aus Finanzmathematik, über Funktionen, Differential- und Integralrechnung, aus der Linearen Algebra und aus der Graphentheorie. Dieses Grundlagenwissen verlangt von den Studierenden weniger besondere mathematische Begabungen oder Befähigungen, sondern in erster Linie die Bereitschaft, sich den Stoff durch intensives Üben anzueignen. Häufig fehlt es dazu an geeignetem Übungsmaterial. Anregungen von Studierenden und Kollegen folgend, habe ich mich deshalb entschlossen, als Ergänzung zu den 3 Bänden Mathematik für Wirtschaftswissenschaftler, die ebenfalls im NWB-Verlag erschienen sind, aus dem in vielen Jahren entstandenen Übungs- und Klausurmaterial diese Aufgabensammlung zusammenzustellen.

Die Sammlung enthält 460 Aufgaben mit zum Teil detaillierten Lösungen, die den gesamten einschlägigen Bereich der Mathematik für Wirtschaftswissenschaftler abdecken. Gliederung und Stoffauswahl orientieren sich an dem dreibändigen Lehrbuch zur Mathematik für Wirtschaftswissenschaftler. Die Aufgabensammlung kann aber auch unabhängig von diesen Büchern benutzt werden. Alle Aufgaben sind im praktischen Übungsbetrieb erprobt worden oder wurden als Aufgabe in einer Vordiplomsprüfung gestellt.

Bei der Überarbeitung zur 3. Auflage hat Herr Dipl.-Phys. Daniel Gundelfinger den gesamten Text einschließlich aller Formeln und Grafiken mit LaTeX sehr engagiert und mit sehr viel Akribie neu erfasst, wofür ich ihm zu großem Dank verpflichtet bin.

Für die jetzt vorgelegte 5. Auflage wurden alle Aufgaben und Lösungen
erneut durchgesehen, überprüft und redigiert. Auch diesmal hat mich
Herr Gundelfinger unterstützt, wofür ich ihm auch an dieser Stelle dan-
ken möchte. Meine kleine Dackelhündin Nanna bleibt dagegen besser
unerwähnt, da sie – gemeinsam mit ihrem Rottifreund Kiro – die Re-
visionen durch das Zerbeißen von Manuskripten und bellendes Randa-
lieren permanent gestört hat.

Im Januar 2002   Jochen Schwarze

Inhaltsverzeichnis

1 Wiederholungen zur Algebra

1. Löse die nachstehenden Aufgaben bzw. nimm Vereinfachungen der algebraischen Ausdrücke vor:

a) $6 \cdot 7 + 5 \cdot 3 - 3 \cdot 2 + 2 \cdot 4$;   **b)** $(6 \cdot 7 + 5) \cdot 3 - 3 \cdot 2 + 2 \cdot 4$;

c) $(6 \cdot 7 + 5) \cdot (3 - 3) \cdot (2 + 2 \cdot 4)$;   **d)** $6 \cdot 7 + 5 \cdot (3 + 3 \cdot 2 + 2 \cdot 4)$;

e) $(6 \cdot 7 + 5) \cdot 3 + 3 \cdot (2 + 2 \cdot 4)$;   **f)** $(ab + c)(d - de + fb)$;

g) $(ab + c)(d - d)(e + fb)$;   **h)** $(ab + c)d - d(e + fb)$;

i) $2^3 \cdot 3^2 \cdot 2^{-1} \cdot 3^{-3}$;   **j)** $(\frac{2}{3})^4 \cdot 2^4 \cdot 3^4 \cdot (\frac{1}{2})^4$;

k) $(3 \cdot 4 \cdot 3)^{0,5}$;   **l)** $(3 \cdot 4 \cdot 3)^{-0,5}$;

m) $a^2 b^{-3} a^4 c^{-2} b^{-1} c$;   **n)** $(a + b + c)^0$;

o) $a^n c^{-r} b^{2n} c^{3r} b^n a^{-2n}$

2. Klammere aus: $ax + 3bx - 2ay - 6by$.

3. Dividiere und gib gegebenenfalls den Rest an:
$(3x^2 + 4xy^2 - 2x^2 y - 12y^2) : (3x - 2xy + 6y)$.

4. Addiere: $\dfrac{3a + b}{a^2 - b^2} + \dfrac{2a}{a - b}$.

5. Kürze: **a)** $\dfrac{6xy^2 - 12xy^3}{9x^3 y - 33x^2 y^2}$;   **b)** $\dfrac{x^2 - 2xy}{x^2 - 4y^2}$.

6. Vereinfache: $\dfrac{\frac{x}{y} - \frac{y}{x}}{\frac{1}{x} + \frac{1}{y}}$.

2 Elementare Grundlagen

2.1 Zahlbegriffe

1. Welche Zahlen sind rational?
   a) 2 ;   b) $-\frac{7}{9}$;   c) $1{,}5$;   d) $\sqrt{3}$;   e) 9 ;   f) 2^4 .

2.2 Binomische Formeln

1. Bestimme unter Verwendung der Binomischen Formeln:
   $(3xy - 2)^2 + (3xy + 2)^2$.
2. Berechne unter Verwendung der Binomischen Formeln:
   a) 102^2 ;   b) $77^2 + 63^2$.
3. Schreibe unter Verwendung der Binomischen Formeln als Binom:
   $\frac{1}{25}x^2 + 2x + 25$.

2.3 Potenzen und Wurzeln

1. Fasse zusammen bzw. kürze:

   a) $x^{n-2}x^{2n+5}x^{m-3}$;   b) $\left(\dfrac{1}{x^{-2}}\right)^{-3}$;   c) $\left(\dfrac{x^4 y^{-2} z^3}{a^3 b}\right)^2$.

2. Schreibe mit gebrochenem Exponenten:

   a) $\sqrt{x}$;   b) $\sqrt[3]{x^4}$;   c) $\sqrt[5]{x^{15}}$;   d) $\dfrac{1}{\sqrt[3]{a}}$;   e) $\sqrt[4]{\sqrt[5]{x^2}}$.

3. Schreibe unter eine gemeinsame Wurzel:

   a) $x\sqrt[3]{y}$;   b) $\sqrt[4]{x}\,\sqrt[6]{y}$;   c) $\dfrac{\sqrt{xy^2}}{x\sqrt{y}}$.

4. Schreibe unter Verwendung von Wurzeln:

   a) $x^{0,5}$;   b) $x^{\frac{4}{5}}$;   c) $x^{0,1}$;   d) $x^{-\frac{2}{3}}$.

5. Vereinfache durch teilweises Wurzelziehen:

   a) $12\sqrt{72} + 3\sqrt{98} - 5\sqrt{162}$;   **b)** $4\sqrt{48} - 7\sqrt{363} + 3\sqrt{75}$.

6. Vereinfache so, dass im Nenner keine Wurzel steht: $\dfrac{\sqrt{2} + \sqrt{3}}{\sqrt{2} - \sqrt{3}}$.

7. Schreibe mit gebrochenem Exponenten: $\sqrt[6]{a^9}$

8. Kürze: **a)** $\dfrac{4x^6 y^7 z^{12}}{12 x^5 y^8 z^{13}}$;   **b)** $\dfrac{\sqrt[4]{x}\,\sqrt[5]{y^2}}{\sqrt[3]{x^2}\,\sqrt{y^3}}$.

2.4   Logarithmen

1. Schreibe als Logarithmus: **a)** $2^3 = 8$;   **b)** $a^{0,5} = c$;   **c)** $3^x = 3$.

2. Bestimme: **a)** $\log 0{,}1$;   **b)** $\log 100$.

3. Bestimme: **a)** $\log_8 64$;   **b)** $\log_5 125$;   **c)** $\log_5 25 + \log_4 64$.

4. Berechne x aus: $2\log x = \log 125 - \log 5$.

5. Berechne x aus: $2\log x = \log(6^4) - \log 36$.

6. Berechne x aus: $\log x = 0{,}5[(\log 24 + \log 8) - \log 3]$.

7. Berechne x aus: $\log x = \frac{1}{3}(\log 3^2 + \log 3 - \log 1)$.

8. Berechne x aus: $\log_{10} x = \log_2 8$.

9. Berechne aus den folgenden Gleichungen x:

   a) $\log x = \frac{1}{3}(\log 16 + \log 24 - \log 6)$;   **b)** $\log_{10} x = \log_3 27$;

   c) $3\log x - \log x^2 = 0$;   **d)** $2^x = 4$;

   e) $\dfrac{2\log x - \log x^2}{\log 10} = 5$;   **f)** $\log x = \log_2 8$.

10. Vereinfache: $\log \sqrt{ab} - 0{,}5\log b$.

11. Untersuche, welche der folgenden Ausdrücke gleich sind:

   A) $\log \left(\prod\limits_{i=1}^{n} a_i^{b_i} \right)$;   **B)** $\log \left(\prod\limits_{i=1}^{n} a_i b_i \right)$;   **C)** $\sum\limits_{i=1}^{n} b_i \log a_i$;

   D) $n \log a + n \log b$; **E)** $\sum\limits_{i=1}^{n} \log a_i + \sum\limits_{i=1}^{n} \log b_i$; **F)** $\log(a^n b^n)$;

   G) $n \log a$;   **H)** $n \log a_i + n \log b_i$;   **I)** $\sum\limits_{i=1}^{n} b_i + \sum\limits_{i=1}^{n} \log a_i$.

12. Wie lautet $\log \left(\sqrt[n]{\prod\limits_{k=1}^{n} a_k} \right)$ unter Verwendung der $\log a_k$?

2.5 Gleichungen mit einer Variablen

1. Löse auf: a) $\frac{4}{5}x - (\frac{2}{3}x + 5) = \frac{4}{6}x + 3$; b) $\dfrac{x+4}{x-1} = \dfrac{x+1}{x+2}$.

2. Paul und seine Schwester Susanne wollen sich von selbstverdientem Geld eine Stereoanlage kaufen. Paul verdient wöchentlich $\frac{3}{25}$ von dem, was für den Einkauf der Stereoanlage benötigt wird und Susanne $\frac{2}{25}$. Wieviel Wochen müssen die beiden für den Kauf der Stereoanlage arbeiten?

3. Olga hat zwei Sparbücher mit gleich hohen Beträgen. Ihr Bruder Paul hat nur ein Sparbuch, auf dem dreimal so viel Geld ist wie auf einem Sparbuch von Olga. Pauls Ersparnisse sind EUR 2000,00 größer als Olga's. Wie hoch sind die Ersparnisse von Paul und Olga?

4. Löse auf:
   a) $\sqrt{x} - 3 = 5$; b) $-2 = \sqrt{2x}$; c) $\sqrt{x+3} = 2\sqrt{x-3}$.

5. Nach 15% Steigerung beträgt der Umsatz eines Unternehmens EUR 1.495.000. Wie hoch war der Umsatz vorher?

6. 20% von $\frac{1}{3}$ einer Zahl ist 120. Wie groß ist diese Zahl?

7. Paul muss für das vor 4 Jahren bei 12% einfacher Verzinsung geliehene Geld jetzt EUR 3.700,00 zurückzahlen. Wieviel hatte er sich geliehen?

8. In wieviel Jahren verdoppelt sich ein Kapital bei einfacher Verzinsung von 14% ?

9. Bestimme die Lösungen:
   a) $x^4 = 12$; b) $\dfrac{2}{x^3} = 54$; c) $5^x = 20$;

10. Bestimme die Lösungen:
    a) $2x^2 - 2x = 4$; b) $x^2 - 6x + 9 = 0$; c) $4x^2 - 2x + 4 = 0$.

11. Bestimme die Lösungen:
    a) $-3x^4 + 3x^2 = -6$; b) $-2x^4 + 10x^2 - 8 = 0$.

12. Bestimme die Lösungen:
    a) $x^7 - 2x^6 - 8x^5 = 0$; b) $4x^{10} - 24x^9 + 36x^8 = 0$;
    c) $x^6 - 7x^5 = 0$.

13. Bestimme die Lösungen:
    a) $4x^2 - 36 = 0$; b) $3x^2 + 15x = 18$; c) $12x^4 + 8x^2 = 0$;
    d) $12x^7 - 27x^5 = 0$; e) $x^3 + 8 = 0$; f) $x^2 + x + 1 = 0$;
    g) $45x^3 + 15x^2 - 30x = 0$.

14. Der Student Paul hat ausgerechnet, dass der Benzinverbrauch y (in Liter pro 100 km) bei seinem Auto von der Fahrgeschwindigkeit x (in km/h) folgendermaßen abhängt:

$$y = \frac{x}{8} - \frac{720}{x} + 7.$$

Mit welcher konstanten Geschwindigkeit muss Paul fahren, wenn er einen Benzinverbrauch von 6 Litern pro 100 km haben will?

2.6 Ungleichungen

1. Bestimme die Lösungsmenge der Ungleichung: $\dfrac{21 + x}{2x} + 1 < 5$.

2. Forme die Ungleichung $-\frac{2}{3}x + \frac{2}{9}y \leq \frac{2}{3}$ so um, dass x isoliert auf einer Seite steht.

3. Bestimme die Lösungsmenge der Ungleichung: $\dfrac{2 - x}{4 + x} - 5 < 0$.

4. Forme die Ungleichung $|100 - x| \leq 10$ in eine Ungleichung für x der Form $a \leq x \leq b$ um.

5. Forme die Ungleichung $u - zs \leq x \leq u + zs$ so um, dass u allein in der Mitte steht.

6. Löse die doppelte Ungleichung:

$$-1 < \frac{x - m}{s} < 2 \text{ mit } m, s > 0 \text{ nach } x \text{ auf.}$$

7. Bestimme die Lösungsmengen:

a) $\dfrac{16x}{x^2 + \frac{15}{4}} > 4$;   b) $x^2 + |x^3 - x - 2| < 0$.

8. Für welche $x \in \mathbb{R}$ ist die Ungleichung $\dfrac{5x + 1}{x^2 + 1} > \dfrac{5}{x}$ erfüllt?

9. Für welche x ist die Ungleichung $\dfrac{3x + 2}{x^2 + 1} < 2$ erfüllt?

10. Für welche Werte $x \in \mathbb{R}$ ist die Ungleichung $\dfrac{5x}{3 + x} < -3$ erfüllt?

11. Bestimme die Lösungsmengen der folgenden Ungleichungen:

a) $\dfrac{3 - x}{-2} > 1$;   b) $\dfrac{x + 2}{x - 2} < 2$;   c) $\dfrac{x - 2}{x - 1} < \dfrac{x + 1}{x + 2}$.

12. Bestimme die Lösungsmengen der folgenden Ungleichungen:

a) $\dfrac{x+3}{x} < 2$; **b)** $\dfrac{2+x^2}{x^2} < -4$;

c) $x^4 - x^3 - 2x^2 > 0$; **d)** $x^3 - 2x^2 + x < 0$.

2.7 Summen

1. Welche der folgenden Summen sind richtig angegeben?

A) $\displaystyle\sum_{i=1}^{10} i = 1 + 10$;

B) $\displaystyle\sum_{i=2}^{14} (2+i) = 4+5+6+7+8+9+10+11+12+13+14+15+16$;

C) $\displaystyle\sum_{i=0}^{5} (m+i) = 6m + 15$;

D) $\displaystyle\sum_{i=-5}^{5} i^2 = 2(1+4+9+16+25)$.

2. Welche der angegebenen Summen sind richtig?

$$\sum_{i=2}^{10} 5(i+3) = \begin{cases} \textbf{A)}\ 5(2+3+4+\ldots+9+10+3)\ ; \\ \textbf{B)}\ 5(2+3+3+3+4+3+5+3+6+3+\ldots+10+3)\ ; \\ \textbf{C)}\ 5(2+3+4+\ldots+10)+5\cdot 3\ ; \\ \textbf{D)}\ 5(2+3+4+\ldots+10)+9\cdot 5\cdot 3\ . \end{cases}$$

3. Gib zu den folgenden Umformungen von Summen an, ob sie richtig oder falsch sind. $(a_i, b_i \in \mathbb{R})$

A) $\displaystyle\sum_{i=1}^{n} a_i = \sum_{i=2}^{n+1} a_i + 1$; **B)** $\displaystyle\sum_{i=1}^{n} (a_i b_i) = \sum_{i=1}^{n} a_i \sum_{i=1}^{n} b_i$;

C) $\displaystyle\sum_{i=1}^{n} a_i b_{i+k} = \sum_{i=k+1}^{n+k} a_{i-k} b_i$; **D)** $\displaystyle\sum_{i=1}^{n} (2a_i + 1) = \sum_{i=1}^{2n} a_i + n$;

E) $\displaystyle\sum_{i=1}^{n} n = n^2$.

4. Gegeben sei die Matrix $(a_{ij}) = \begin{pmatrix} 0 & 1 & 3 \\ 2 & 0 & 1 \\ 1 & 2 & 1 \end{pmatrix}$

Berechne: **a)** $\displaystyle\sum_{i=1}^{3} \sum_{j=1}^{2} a_{ij}$; **b)** $\displaystyle\sum_{i=1}^{3} \prod_{j=1}^{i} a_{ij}$.

5. Schreibe die folgende Summe aus: $\displaystyle\sum_{i=0}^{5} a^i b^{(5-i)}$.

6. Vereinfache die folgenden Ausdrücke:

A) $\sum\limits_{i=1}^{n} a_i^2 + \sum\limits_{j=1}^{n} b_j^2 - \sum\limits_{k=1}^{n} (a_k - b_k)^2$; **B)** $\sum\limits_{k=6}^{n+5} c_{k-5} \cdot 2^{n-k+5}$;

C) $\sum\limits_{i=1}^{n} (a_i b_{n-i+1} - a_{n-i+1} b_i)$.

7. Welche der folgenden Umformungen sind richtig?

A) $\sum\limits_{i=1}^{n} n = n^2$; **B)** $\sum\limits_{i=1}^{n} (a_i b_i) = \sum\limits_{i=1}^{n} a_i + \sum\limits_{i=1}^{n} b_i$;

C) $\sum\limits_{i=1}^{n} 5a_i = \sum\limits_{j=1}^{n} 5a_j$; **D)** $\sum\limits_{i=1}^{n} a_i = \sum\limits_{i=2}^{n+1} a_{i-1}$;

E) $\sum\limits_{i=1}^{n} (a_i + b_i) = \sum\limits_{i=1}^{n} a_i + \sum\limits_{i=1}^{n} b_i$.

8. Welche der folgenden Gleichungen sind richtig? $(a_i, b_i \in \mathbb{R}, b \neq 0)$

A) $\sum\limits_{i=1}^{10} a_i = \sum\limits_{i=3}^{12} a_i$; **B)** $\sum\limits_{i=1}^{9} (a_i + b_i) = \sum\limits_{i=1}^{4} a_i + \sum\limits_{i=5}^{9} (a_i + b_i) + \sum\limits_{i=1}^{4} b_i$;

C) $\sum\limits_{i=1}^{n} \sum\limits_{j=1}^{n} a_i b_j = \sum\limits_{i=1}^{n} a_i b_i$; **D)** $\sum\limits_{i=1}^{n} (ba_i) = nb \sum\limits_{i=1}^{n} a_i$.

2.8 Produkte

1. Berechne: **a)** $\prod\limits_{i=1}^{5} (i - 3)$; **b)** $\prod\limits_{i=1}^{5} (-1)^i$.

2. Welche der nachfolgenden Lösungen ist für den Ausdruck

$\prod\limits_{i=1}^{2} (a + b)^i$ richtig?

A) $(a + b)^2$; **B)** $(a + b)^3$; **C)** $a^3 + a^2 b + ab^2 + b^3$;
D) keine der Lösungen ist richtig!

2.9 Absolute Beträge

1. Gegeben seien die der Größe nach geordneten Zahlen
$a_1, a_2, a_3, \ldots, a_i, \ldots, a_n$.
Gib die Summe der absoluten Abweichungen dieser Zahlen von der
Zahl a_i an,
a) unter Verwendung der absoluten Beträge,
b) ohne Verwendung der absoluten Beträge.

3 Grundbegriffe der Logik

3.1 Aussagen und Aussageformen

1. Welche der folgenden Sätze sind Aussagen? Gib, falls möglich, zu den Aussagen an, ob sie wahr oder falsch sind.
   a) $5 \cdot 3 = 9$
   b) Bonn liegt am Rhein.
   c) Der Kreis ist groß.
   d) Die Steigung der Geraden ist Null.
   e) Ist Paris die Hauptstadt von Frankreich?
   f) Der Parabelbogen ist krumm gezeichnet.
   g) Die Gerade ist steil.
   h) Auf dem Marktplatz steht ein grüner Elefant.
   i) $28 : 7 = 4$.

2. Gib zu den folgenden Aussagen an, ob sie wahr oder falsch sind:
   a) Venedig liegt in Italien und $2 + 3 = 10$ oder $2 + 2 = 4$.
   b) Venedig liegt in Spanien $\Rightarrow 2 + 3 = 10$.
   c) Venedig liegt in Italien oder Spanien $\Rightarrow 2 + 3 = 10$.
   d) $2 + 3 = 10$ und $2 + 2 = 4 \Rightarrow$ Venedig liegt in Spanien.

3. Welche der folgenden Sätze sind Aussagen? Sind sie wahr oder falsch?
   a) $3 \cdot 5 = 8 \Leftrightarrow 5 \cdot 3 = 8$;   b) $3 = 5 \Rightarrow 5 = 5$;
   c) Die Steigung der Geraden ist groß.   d) $2{,}7 = 15 \Leftrightarrow 3 < 5$;
   e) Wieviel Bäume gibt es in Eurem Haus? f) $4^2 = 15$.

3.2 Verknüpfungen von Aussagen

1. Zeige mit Hilfe einer Wahrheitstafel, dass gilt:
   $\bar{A} \Rightarrow (A \Rightarrow B)$ ist immer wahr.

2. Zeige mit Hilfe einer Wahrheitstafel, dass gilt:
   $((A \Rightarrow B) \wedge (B \Rightarrow A)) \Rightarrow (A \Leftrightarrow B)$.

3. A sei eine Aussage und $B = A \vee \bar{A}$. Welche Aussage für B ist richtig?
a) B ist falsch;   **b)** B ist wahr;
c) B ist wahr, wenn A falsch ist; **d)** B ist wahr, wenn A wahr ist.

4. Gegeben sei das beliebige Dreieck D und die Aussagen:
X: D besitzt drei gleichlange Seiten.
Y: D ist ein gleichseitiges Dreieck.
Z: D hat drei Winkel von $60°$.
Für jede der Aussagen ist anzugeben, welche der anderen Aussagen für sie notwendig, hinreichend, notwendig und hinreichend sind.

5. Gegeben sind die folgenden drei Aussagen:
A: x ist durch zwei teilbar.
B: x ist keine Primzahl.
C: x ist durch 4 teilbar.
Gib zu je zwei Aussagen an, ob die eine notwendig oder hinreichend für die andere ist.

6. Verknüpfe die folgenden Aussagen bzw. Aussageformen durch Implikation ($\Rightarrow$) oder Äquivalenz ($\Leftrightarrow$) .
a) A: x ist durch 4 teilbar; B: x ist durch 8 teilbar.
b) A: Paul studiert in Braunschweig Wirtschaftswissenschaften;
     B: Paul studiert in Braunschweig.
c) A: x ist durch 10 teilbar;
     B: x ist eine Zahl mit der Ziffer 0 am Ende.

3.3 Beweisführungen

1. Zeige, dass für $0 < a < 1$ und jede natürliche Zahl n gilt
$$1 + a + a^2 + a^3 + \ldots + a^n < \frac{1}{1 - a}$$
als direkten Beweis und über vollständige Induktion.

2. Beweise " $n!$ ist kleiner als n^n " $(n > 1)$.

3. Beweise die Richtigkeit der Formel:

$$\sum_{k=1}^{n} k^2 = \frac{n(n+1)(2n+1)}{6} \; ; \; n \in \mathbb{N},$$

a) direkt   **b)** durch vollständige Induktion.

Anleitung zu **a)**: Gehe von dem Ausdruck $\sum_{k=1}^{n}(k+1)^3$ aus. Zerlege das Binom und spalte den Ausdruck in einzelne Summen auf. Gehe dann noch einmal von $\sum_{k=1}^{n}(k+1)^3$ aus und versuche, ihn durch eine geeignete Indextransformation auf die Form $\sum_{j=1}^{n} j^3 + Rest$ zu bringen.

4 Grundlagen der Mengenlehre

4.1 Begriff der Menge

1. Schreibe mit der Symbolik der Mengenlehre die folgenden Mengen.
a) Menge der Vokale des lateinischen Alphabets.
b) Menge der letzten drei Buchstaben des lateinischen Alphabets.
c) Menge aller natürlichen Zahlen zwischen 1 und 6.
d) Menge aller reellen Zahlen größer als 2.

2. Schreibe die folgenden Mengen unter Verwendung einer Variablen und Angabe einer die Elemente charakterisierenden Eigenschaft:
a) $A = \{5, 10, 15, \ldots\}$;
b) $B = \{4, 7, 10, \ldots\}$;
c) $C = \{1, 2, 3, 8, 9, 10, 11\}$.

3. Erläutere den Unterschied zwischen $\emptyset$ und $\{\emptyset\}$.

4.2 Beziehungen zwischen Mengen

1. Gegeben sind die Mengen:
$$A = \{x \in \mathbb{R}|\, 1 < x \leq 4\}; \quad B = \{x \in \mathbb{N}|\, 4 < x < 5\};$$
$$C = \{x \in \mathbb{N}|\, 2 \leq x \leq 4\}; \quad D = \{x \in \mathbb{R}|\, 4 < x \leq 5\};$$
$$E = \{x \in \mathbb{N}|\, x < 10\}.$$
Gib zu den folgenden Beziehungen an, ob sie richtig oder falsch sind:
a) $B \subset A$; **b)** $C \subset A$; **c)** $A \subset \mathbb{N}$; **d)** $E \subset \mathbb{R}$; **e)** $\pi \in A$.

2. Welche der folgenden Aussagen über die Potenzmenge $\wp(A)$ einer Menge A sind richtig?
a) $\wp(A) \ni A$; **b)** $\emptyset \in \wp(A)$; **c)** $\emptyset \notin \wp(A)$; **d)** $A \in \wp(A)$.

3. Es sei $A = \{1, 2, 3, 4\}$. Gib die Potenzmenge von A an.

4. Gib sämtliche möglichen Zerlegungen der Menge $A = \{a, b, c\}$ an.

4.3   Mengenoperationen

1. Gegeben sind die Mengen $R = \{w, x, y\}, S = \{u, v, w\}$ und
   $T = \{u, v, w, x\}$. Bestimme:
   a) $S \setminus R$;   **b)** $R \cap S$;   **c)** $R \cup T$;   **d)** $R \setminus S$.

2. Gegeben sind die Mengen:
   $A = \{2, 6\}$; $B = \{x \mid x \in \mathbb{N} \wedge 2 \leq x \leq 6\}$;
   $C = \{x \mid x \in \mathbb{N} \wedge 2 < x < 6\}$.
   Bestimme: **a)** $A \setminus C$;   **b)** $B \setminus (A \cup C)$;   **c)** $B \cup C$;   **d)** $B \cap C$.

3. Gegeben seien die Mengen $A = \{0, 1, 2, 3\}$ und
   $B = \{x \mid x^4 - 6x^3 + 11x^2 - 6x = 0\}$. Welche der folgenden Beziehungen zwischen den Mengen A und B treffen zu?
   a) $\mathcal{C}_{\mathbb{R}} B \setminus A = \emptyset$;   **b)** $A \subset B$;   **c)** $\mathcal{C}_{\mathbb{R}} A = B$;
   d) $A \cap B = B$;   **e)** $A = B$;   **f)** $B \cup A = A$;
   g) $\mathcal{C}_{\mathbb{R}} A \cup B = \mathbb{R}$;   **h)** $(A \setminus B) \cup (B \setminus A) = \emptyset$.

4. Gegeben ist das Venn-Diagramm:

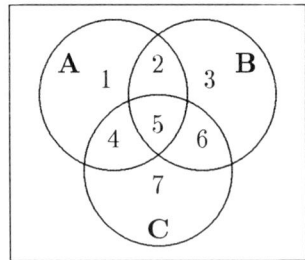

   Gib zu den folgenden Mengen an, welche Flächenstücke des Venn-Diagramms dazu gehören:
   a) $B \setminus A$;   **b)** $C \setminus (A \cup B)$;   **c)** $A \cap B \cap C$;   **d)** $A \cup B \cup C$;
   e) $((A \cap B) \setminus C) \cup ((A \cap C) \setminus B) \cup ((B \cap C) \setminus A)$;
   f) $A \cup ((B \cap C) \setminus A)$.

5. Über die Anzahl n der Elemente in den Untermengen A, B und
   C einer Menge mit 200 Elementen ist folgendes bekannt:
   $n(A) = 70$, $n(B) = 120$, $n(C) = 90$, $n(A \cap B) = 50$,
   $n(A \cap C) = 30$, $n(B \cap C) = 40$, $n(A \cap B \cap C) = 20$.
   Wie groß ist die Anzahl der Elemente in den folgenden Mengen?
   a) $A \cup B$;   **b)** $A \cup B \cup C$;   **c)** $\bar{A} \cap B \cap C$;   **d)** $\bar{A} \cap \bar{B} \cap C$.

6. Gegeben sind die Mengen $A = \{2, 4, 6, 8, 10\}$; $B = \{1, 2, 3\}$ und

$C = \{2, 3, 5, 7\}$. Bestimme:
a) $A \cup B \cup C$; b) $B \cap C$; c) $A \cap B \cap C$; d) $A \setminus B$.

4.4 Produkte von Mengen

1. Gegeben seien die Mengen $X = \{x_1, x_2\}$ und $Y = \{y_1, y_2\}$. Bestimme $X \times Y$ und $Y \times X$.

2. Wieviel Elemente enthält das Produkt der Mengen $\{a, b, c, d, e\}$ und $\{1, 2, 3, 4, 5, 6\}$?

4.5 Relationen und Abbildungen

1. Welches Schaubild definiert eine Relation auf $B \times A$, die keine Abbildung ist? $A = \{-a, 0, a\}, B = \{-a, 0, a\}, (a \in \mathbb{N})$.

a)
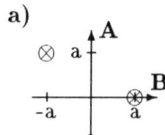

b)
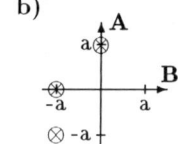

c)
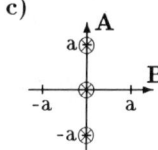

d)
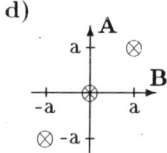

e)
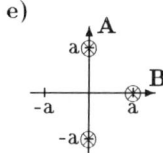

f)
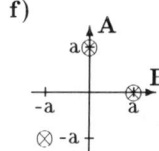

2. Gegeben seien die folgenden Relationen in $\mathbb{N}$:

$R_1 = \{(x, y) \mid (x - y) \text{ ist eine gerade positive Zahl}\}$;

$R_2 = \{(x, y) \mid \text{ bei Division durch 5 liefern } x \text{ und } y$
$\qquad \text{den gleichen Rest}\}$;

$R_3 = \{(x, y) \mid x \le y \text{ oder } y \le x\}$;

$R_4 = \{(x, y) \mid x < y\}$.

Welche der Relationen sind Äquivalenzrelationen?

3. Welche Eigenschaften einer Abbildung f sind notwendig, damit eine Umkehrabbildung angegeben werden kann? Welche sind hinreichend, welche notwendig und hinreichend? Die Abbildung f muss:
   a) eineindeutig, **b)** surjektiv, **c)** bijektiv, **d)** injektiv sein.

4. Gegeben sind die folgenden Zuordnungen:

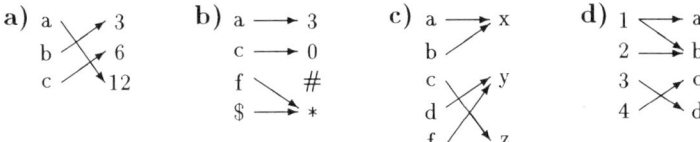

   Gib jeweils an, ob es sich um eine Abbildung handelt und von welchem Typ diese ist.

5. Gegeben sind die Mengen $M = \{1, 2, 3, 4, 5\}$ und $N = \{a, b, c, d, e, f, g\}$ sowie die folgenden Relationen $R : M \times N$:
   a) $R = \{(1, a), (1, b), (2, c), (3, d), (4, e), (5, f)\}$;
   b) $R = \{(1, a), (2, a), (3, a), (4, b), (5, b)\}$;
   c) $R = \{(3, a), (4, g)\}$;
   d) $R = \{(2, c), (2, g), (5, f)\}$;
   e) $R = \{(1, b), (2, g), (3, f), (4, a), (5, c)\}$.
   Welche Relationen sind Abbildungen? Welche Abbildungen sind injektiv?

6. Durch die unter a), b) und c) gegebenen Eigenschaften werden Relationen auf $\mathbb{R} \times \mathbb{R}$ definiert. Gib zu jeder Relation an, ob es sich um eine Abbildung handelt, und falls ja, ob diese surjektiv, injektiv oder bijektiv ist.
   a) $x - y = const.$; **b)** $y^2 = x$; **c)** $e^x - y = 0$.

7. Gegeben sind drei Mengen:
   $A = \{a, b, c, d, e\}$, $B = \{1, 2, 3, 4, 5, 6, 7\}$ und $C = \{x, \beta, y, z, u\}$
   sowie die folgenden Abbildungen:
   $f_1 : A \longrightarrow B$ mit $f_1(a) = 2, f_1(b) = 2, f_1(c) = 6, f_1(d) = 1,$
   $\qquad\qquad f_1(e) = 6$;
   $f_2 : B \longrightarrow C$ mit $f_2(3) = \beta, f_2(4) = z, f_2(5) = y, f_2(7) = x$;
   $f_3 : B \longrightarrow C$ mit $f_3(1) = y, f_3(2) = x, f_3(6) = u$.
   a) Welche zusammengesetzte Abbildung ist definiert?
   (1) $f_3 \circ f_1 : A \longrightarrow C$ (2) $f_2 \circ f_1 : A \longrightarrow C$;
   b) Gib diese Abbildungen in der gleichen Form an, in der f_1, f_2 und f_3 angegeben sind.

5 Kombinatorik

5.1 Fakultäten, Binomialkoeffizienten und Polynomialkoeffizienten

1. Berechne: **a)** $\binom{24}{21}$;   **b)** $\binom{6}{0}$;   **c)** $\binom{10}{2}$;   **d)** $\binom{5}{2}$;   **e)** $\binom{0}{0}$.

2. Berechne 9! **a)** genau;   **b)** mit Hilfe der Stirlingschen Formel.

3. Berechne: **a)** $\binom{8}{5} + \binom{8}{6}$;   **b)** $\binom{9}{2} + \binom{9}{6}$;   **c)** $\sum_{i=0}^{8} \binom{2+i}{2}$.

4. Berechne: **a)** $\binom{12}{9} + \binom{12}{3}$;   **b)** $\binom{35}{32} - \binom{34}{31}$;   **c)** $\sum_{k=2}^{8} \binom{8}{k}$.

5. Berechne: **a)** $\binom{12}{6,4,2}$;   **b)** $\binom{15}{5,5,5}$;   **c)** $\binom{15}{5,10}$.

5.2 Permutationen

1. Paul hat 5 Briefe und 5 Briefumschläge geschrieben. Wieviel Möglichkeiten gibt es, diese 5 Briefe in die 5 Briefumschläge zu stecken?

2. Ein Produkt P wird auf insgesamt 6 Maschinen M1,...,M6 bearbeitet. Dabei besteht die Vorschrift, dass das Produkt auf den Maschinen M2, M4 und M5 immer in dieser Reihenfolge und direkt hintereinander bearbeitet werden muss, im übrigen ist die Bearbeitungsreihenfolge beliebig. Wieviele Möglichkeiten der Bearbeitungsreihenfolge gibt es?

3. Auf wieviel Weisen können 5 Personen auf Büros verteilt werden, wenn
   a) es fünf Büros gibt und in jedem Büro eine Person sitzen soll?
   b) drei Büros vorhanden sind und in zwei Büros zwei Personen und in ein Büro eine Person kommen sollen?
   c) zwei Büros vorhanden sind, eins für zwei Personen und eins für drei Personen?

4. Der Produktionsleiter einer Werbefirma soll einen Werbefilm über ein bestimmtes Waschmittel drehen. Dazu will er Wäsche auf einer Leine aufhängen, und zwar 4 weiße Bettücher, 3 rote Kopfkissen, 2 bunte und 2 blaue Handtücher. Da es sich um einen Werbefilm handelt, spielt für ihn vor allem die Farbkomposition der "Werbeleine" eine Rolle. Wieviel verschiedene Möglichkeiten gibt es, die Wäsche auf der Leine anzuordnen?

5. Wieviel verschiedene Buchstabenkombinationen können aus den Buchstaben des Wortes NEVADA unter gleichzeitiger Verwendung aller 6 Buchstaben gebildet werden?

6. Wieviel Möglichkeiten gibt es
   a) 9 verschiedenfarbige Perlen;
   b) 2 rote, 3 schwarze und 4 weiße Perlen aneinanderzureihen?

5.3 Kombinationen mit Berücksichtigung der Anordnung

1. In einer Schulklasse sind 10 Schüler, im Klassenraum gibt es aber 12 Plätze. Wieviel verschiedene Plazierungsmöglichkeiten für die Schüler gibt es?

2. Der Student Paul hat 5 verschiedene Tafeln Schokolade und will zwei Kindern je eine Tafel schenken. Wieviel verschiedene Möglichkeiten hat er?

3. Wieviel verschiedene Morsezeichen lassen sich bilden, wenn man jeweils 3 Zeichen (– oder ·) zu einem Morsezeichen zusammensetzt?

5.4 Kombinationen ohne Berücksichtigung der Anordnung

1. 8 Straßen eines neuen Wohngebietes sollen benannt werden. Es wurden 12 Namensvorschläge gemacht. Wieviel verschiedene Möglichkeiten für die Namensgebung gibt es?

2. Herbert spielt Lotto "6 aus 49" mit System. Auf dem hierfür vorgesehenen Systemschein kreuzt er 2 Bankzahlen und 8 Systemzahlen an. Ein Tip kostet EUR 1,00. Wieviel hat Herbert zu bezahlen (ohne Gebühren)?

3. Aus einer Liste von 10 Prüfungsthemen soll eine Kommission 3 Themen auswählen. Wieviel Möglichkeiten hat die Kommission?

4. Eine Münze wird 5-mal geworfen. Wieviel Möglichkeiten gibt es, 3-mal Wappen und 2-mal Zahl zu erhalten?

5. Paul steht vor einem Gummibärchenautomaten und soll für vier Freunde je eine Schachtel Gummibärchen ziehen. Insgesamt befinden sich 10 Sorten zu je acht Schachteln im Automaten.

   a) Wieviel Möglichkeiten hat er, die vier Schachteln zu ziehen, wenn es den Freunden egal ist, welche Sorte sie bekommen?

   b) Wieviel Möglichkeiten hat er, die Schachteln zu ziehen, wenn jeder Freund eine andere Sorte bekommen soll?

6. Beim Pokern erhält ein Spieler am Anfang ein "Blatt" von 5 Karten aus insgesamt 32 Karten. Wieviel solcher "Blätter" gibt es?

7. Eine Firma hat 8 Produktionsstätten, 2 sollen stillgelegt werden. Wieviel verschiedene Stillegungsmöglichkeiten gibt es für die Firma?

8. Nach dem Bestehen seiner Prüfung in Mathematik für Wirtschaftswissenschaftler will der Student Paul zu Hause feiern und beschließt, 8 Flaschen Bier zu trinken. Er hat 4 verschiedene Sorten Bier zu je 10 Flaschen im Haus. Wieviel verschiedene Möglichkeiten gibt es für ihn, sich 8 Flaschen auszuwählen?

5.5 Zusammengesetzte kombinatorische Probleme

1. Ein Ausschuss besteht aus 5 Gewerkschaftsmitgliedern und 4 nicht gewerkschaftlich organisierten Personen. Auf wieviel Arten könnte ein aus drei Gewerkschaftsmitgliedern und zwei nicht organisierten Mitgliedern bestehender Unterausschuss gebildet werden?

2. Wieviel Wörter mit je drei Buchstaben kann man aus den 26 Buchstaben des Alphabets bilden, wenn

   a) jede Zusammenstellung als Wort gilt?

   b) nur solche Zusammenstellungen als Wort gelten, bei denen der mittlere Buchstabe ein Vokal und die beiden anderen Buchstaben Konsonanten sind?

3. Wieviel verschiedene 4-stellige Zahlen gibt es? Bei wieviel Zahlen davon taucht keine Ziffer mehrmals auf? Wieviel 4-stellige Zahlen enthalten genau 2 Einsen?

4. Beim Skat erhält man von 32 Karten am Anfang 10. Wieviel Mögliche Kombinationen gibt es für einen Spieler? In wieviel Kombinationen sind 4 Buben enthalten?

5. In einer Trommel befinden sich 5 Kugeln, die numeriert sind von 1 bis 5.

    a) Wieviel mögliche Kombinationen gibt es bei dreimaligem Ziehen einer Kugel ohne Zurücklegen, wenn die Reihenfolge der Ziehung keine Rolle spielt?

    b) Wieviel Kombinationen gibt es, wenn die Reihenfolge eine Rolle spielt?

    c) Wieviele Kombinationen gibt es, wenn man mit Zurücklegen zieht?

    d) Gibt es Kombinationen, die in **a)**, **b)** und **c)** nicht berücksichtigt worden sind?

6. Ein Vertreter für Gummibärchen hat in einem ländlichen Gebiet 20 Kunden zu betreuen. An einem Tag kann er 10 Kunden besuchen. Wieviel Möglichkeiten gibt es für ihn, alle 20 Kunden in zwei Tagen zu besuchen?

7. Paul hat in einer Lotterie eine Bildungsreise nach Italien gewonnen. Der Reiseveranstalter nennt ihm 15 sehenswürdige Plätze, von denen er sich 8 aussuchen und zu einer Reise zusammenstellen darf.

    a) Wieviel Auswahlmöglichkeiten gibt es für ihn, wenn er die Reise frei gestalten kann?

    b) Wieviel Auswahlmöglichkeiten hat er, wenn er dem Reiseveranstalter zwar die Orte nennen kann, aber die Reiseroute (Reihenfolge der Orte) nicht beeinflussen kann?

8. **a)** Auf wieviel Weisen kann man 5 Personen (1) in einer Reihe, (2) an einem runden Tisch plazieren?

    b) Wieviel Möglichkeiten gibt es, aus 7 Männern und 5 Frauen eine Delegation von 3 Männern und 2 Frauen zu bilden?

9. Es gibt 5 Straßen zwischen den Orten A und B und 5 Straßen zwischen B und C.

    a) Auf wieviel verschiedenen Wegen kann man eine Rundreise von A über B nach C und zurück (wieder über B) machen?

    b) Wieviel Rundreisen sind möglich, wenn keine Straße mehr als einmal benutzt wird?

10. In einem Betrieb wird ein Materialschlüssel eingeführt, der aus 1, 2, 3 oder 4 Ziffern, 2 Buchstaben und 2 anschließenden Ziffern besteht. Führende Nullen (also z.b. 0007XY34) gibt es nicht. Wieviel Materialsorten können durch diesen Schlüssel mit verschiedenen Schlüsselnummern versehen werden?

11. Ein Sportverein hat 10 gleich gut spielende Volleyballspieler. Eine Mannschaft auf dem Spielfeld umfasst 6 Spieler, von denen jeder auf jeder Position spielen muss.

  a) Wieviel Möglichkeiten hat der Vereinstrainer, eine Mannschaft von 6 Spielern aufzustellen?

  b) Angenommen, es gäbe unter den 10 Spielern 6 "gute" und 4 "schlechte" Spieler. Wieviel Möglichkeiten gibt es, eine Mannschaft von 6 Spielern aufzustellen, wenn in der Mannschaft genau 4 "gute" Spieler sein sollen?

12. In einer Klausur wird eine Multiple-Choice-Aufgabe gestellt, bei der 4 Antwortmöglichkeiten vorgegeben werden. Außerdem kann als fünfte Möglichkeit "keine Antwort ist richtig" angekreuzt werden. Es dürfen aber auch mehrere Kreuze gemacht werden. Wieviel sinnvolle Möglichkeiten zum Antworten gibt es?

13. Ein Reisender hat für Kundenbesuche an einem Tag die Wahl zwischen der Region Ostfriesland und der Wesermarsch. In Ostfriesland muss er 8 Kunden besuchen, in der Wesermarsch 7. Wieviel Möglichkeiten der Rundreise für diesen Tag hat er, wenn er die Kunden jeweils in beliebiger Reihenfolge besuchen kann?

14. Aus einer Urne mit 500 grünen, 200 roten, 30 blauen und 60 gelben Kugeln werden (zufällig) 6 Kugeln gegriffen. Wieviel verschiedene Möglichkeiten gibt es, wenn die Kugeln einer Farbe völlig gleich sind?

15. Ein Großunternehmen mit 6 parallelen Produktionsstätten ist gezwungen 2 Produktionsstätten zu schließen.

  a) Wieviel Möglichkeiten zur Schließung zweier Produktionsstätten gibt es?

  b) Auf wieviel Weisen können 12 Angestellte der geschlossenen Werke auf die übrigen 4 verteilt werden, wenn je Produktionsstätte 3 Angestellte aufgenommen werden sollen?

16. Auf wieviel Weisen können 8 Studenten, die sich zu spät für die Matheübungen angemeldet haben, auf die Übungsgruppen verteilt werden, wenn es

a) 8 Übungsgruppen gibt und in jeder Gruppe nur noch ein zusätzlicher Student teilnehmen kann;

b) 4 Übungsgruppen gibt und jeder Gruppe zwei Studenten zugeteilt werden sollen;

c) 7 Übungsgruppen gibt, von denen zwei keinen Studenten mehr aufnehmen können, zwei je einen Studenten aufnehmen können und drei je zwei Studenten aufnehmen können?

6 Funktionen mit einer unabhängigen Variablen

6.1 Funktionsbegriff

1. Bestimme Definitions- und Wertebereich der folgenden Funktion:
$$y = \begin{cases} x^2 & \text{für } 0 \le x \le 2 \\ 3 - x & \text{für } 2 < x < 3 \\ 3 & \text{für } \quad x = 3 \,. \end{cases}$$

2. Bestimme Definitionsbereich und Wertebereich der folgenden Funktionen:

    a) $y = e^{-x+1} + 2$;   **b)** $y = \dfrac{1}{x^2 + 1}$.

3. Gib Definitions- und Wertebereich zu folgenden Funktionen an:

    a) $f(x) = x^2 - 6x + 10$;   **b)** $f(x) = \dfrac{1}{1 + e^{-x}}$.

6.2 Darstellung von Funktionen

1. Gegeben seien die Funktionen:
    a) $y = 0{,}5e^{-x}$;   **b)** $y = -0{,}5e^{x}$;   **c)** $y = 0{,}5e^{x}$;
    d) $y = -0{,}5e^{-x}$;   **e)** $y = 2e^{x}$;   **f)** $y = 0{,}5\ln(-x)$;
    g) $y = -0{,}5\ln x$;   **h)** $y = 0{,}5\ln x$;   **j)** $y = -0{,}5\ln(-x)$;
    k) $y = 2\ln x$.

    Welche dieser Funktionen sind in der folgenden Zeichnung dargestellt?

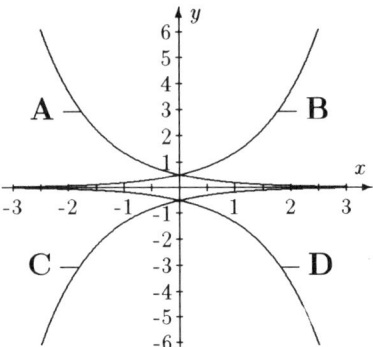

2. Ordne die in der Zeichnung dargestellten Geraden A, B, C, D den angegebenen Gleichungen zu.

   a) $y = -x + 2$;   **b)** $y = 3x + 3$;   **c)** $y = 0,5x + 1$;   **d)** $y = 2$.

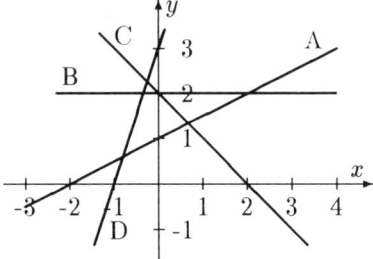

3. Ordne die dargestellten Kurven den nachstehenden Funktionsglei-chungen zu.

   a) $y = \dfrac{1}{1 + e^x}$;   **b)** $y = \dfrac{3}{x}$;

   c) $y = 0,5x^2 - 2x + 1$;   **d)** $y = \sqrt{|x|}$.

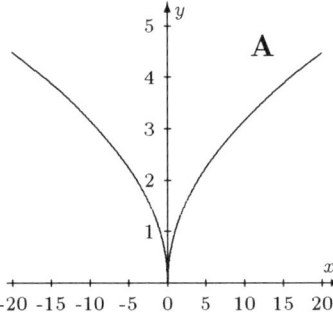
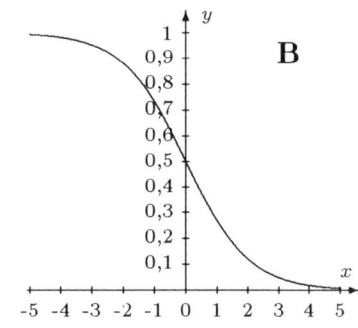

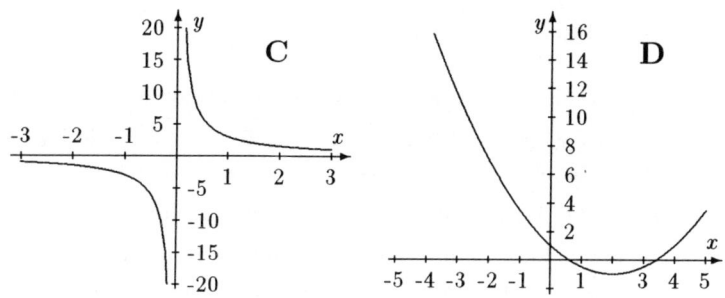

4. Gib an, welche Funktion in folgendem Bild dargestellt ist.

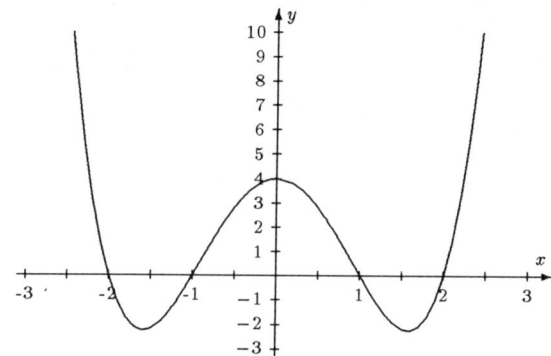

1) $y = x^3 + 4x^2 + x$;   2) $y = x^4 - 5x^2 + 4$;

3) $y = 5x^5 + 3x^2 - x + 4$;   4) $y = 2x^4 - 3x^2 + 2$.

5. Welche Punkte haben die Kurven $y + x = 0$ und $y^2 - x = 0$ gemeinsam?

6.3   Eigenschaften von Funktionen

1. Gib zu den folgenden Funktionen an, für welche Werte der reellen Zahlen sie definiert sind (Definitionsbereich) und welche Werte der reellen Zahlen sie annehmen können (Wertebereich). Gib, falls sie existiert, auch die Umkehrfunktion an.

   a) $y = 3x^2 + 5$;   b) $y = \ln x + 1$;   c) $y = \dfrac{1}{x+1}$.

2. Gegeben ist die Funktion $y = e^x + 1$ mit dem Definitionsbereich $\mathbb{R}$ (Menge der reellen Zahlen).

   a) Gib den Wertebereich dieser Funktion an.

b) Bestimme die Umkehrfunktion.

c) Gib den Wertebereich und

d) den Definitionsbereich der Umkehrfunktion an.

3. Gegeben ist die Funktion $y = x^2 - 2$ für $x \leq 0$. Wie lauten:

   a) Definitionsbereich, **b)** Wertevorrat und **c)** Umkehrfunktion?

4. Untersuche die Funktionen $y = e^{-x}$ auf Beschränktheit.

5. Welche der folgenden Funktionen sind streng monoton steigend?

   a) $y = \frac{1}{3}x^3$; **b)** $y = x^4$; **c)** $y = \ln x + e^x$; **d)** $y = \frac{1}{x}, x > 0$.

6. Gegeben ist die Funktion $y = x^2$ mit dem Definitionsbereich $x < 0$. Bestimme die Umkehrfunktion und gib für die Umkehrfunktion Definitionsbereich und Wertevorrat an.

7. Welche der folgenden Aussagen über die in der Skizze dargestellte Funktion $y = f(x)$ sind wahr?

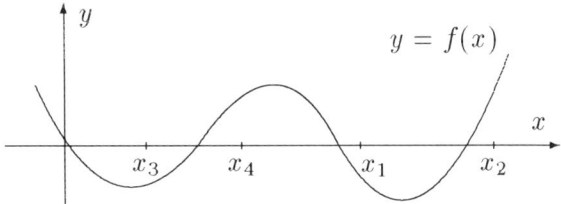

   a) $f(x)$ ist streng monoton fallend.

   b) Im Bereich von x_1 bis x_2 ist $f(x)$ konvex.

   c) Im Bereich von x_3 bis x_4 ist $f(x)$ streng monoton steigend.

   d) $\bar{y} = \frac{f(x)}{x}$ ist an der Stelle x_4 kleiner als an der Stelle x_2.

   e) Keine der Aussagen **a)** bis **d)** ist wahr.

8. Welche Funktionen sind zueinander invers?

   A) $y = x$;   **B)** $y = a^x, a \neq 0$;   **C)** $y = ax + b$;

   D) $y = 1/x, x \neq 0$; **E)** $y = 10^x$;   **F)** $x = 1/y, y \neq 0$;

   G) $x = \log y$;   **H)** $x = (y - b)/a, a \neq 0$; **I)** $x = y$;

   J) $x = ay + b$.

9. Bestimme die Inversen der folgenden Funktionen:

   a) $y = f(x) = \frac{x}{2} - 3;$ **b)** $y = f(x) = x^3 - 5$.

10. Bestimme die zu $y = \dfrac{1}{3x+4}$ inverse Funktion.

11. Entwickele die implizite Funktion $y + xy - 3 \equiv 0$ nach y.

12. Gegeben ist die Funktion $y = e^{-2x} - 2$, mit $D(f) = \mathbb{R}$.

    a) Gib den Wertevorrat dieser Funktion an.

    b) Bestimme die Umkehrfunktion.

    c) Gib den Definitionsbereich und den Wertevorrat der Umkehrfunktion an.

13. Gegeben seien die Funktionen $y = f(t) = e^{t+a}, h(t) = e^{b^2 t}$ und

    $g(y) = y^{b^2}$. Bestimme die zusammengesetzte Funktion $\dfrac{g(f(t))}{h(t)}$.

6.4 Nullstellen von Funktionen

1. Bestimme die Nullstellen der folgenden Funktionen:

    a) $y = x^3 - 7{,}5x^2 + 12x + 8$;   **b)** $y = x^6 - 18x^4 + 81x^2$;

    c) $y = e^{x^2 - 3x} - 1$.

2. Bestimme die Nullstellen der Funktion $y = x(x^2 - 4)$.

3. Das Polynom $(x^4 - 13x^3 + 51x^2 - 67x + 28)$ hat eine doppelte Nullstelle bei $x_{1,2} = 1$. Bestimme die restlichen Nullstellen.

4. Bestimme die Nullstellen von:

    a) $y = \ln(x^2 - 3)$;   **b)** $y = e^{2x^2 - 4x} - 1$.

5. Das Produkt $(x + 3)(x - 2)(x + 1)$ ergibt ein Polynom 3. Grades. Wie lautet das Polynom und welche Nullstellen hat dieses Polynom?

6. Berechne die Nullstellen des Polynoms $y = x^3 - 5x^2 + 4x$.

6.5 Variablen- bzw. Koordinatentransformationen

1. Wie lautet die Gleichung der Funktion $y = e^x + x^2 + 2$ in einem $(x^\star, y^\star)$-Koordinatensystem, das aus dem (x, y)-Koordinatensystem durch die Transformation $x^\star = e^x$; $y^\star = y - 1$ entsteht?

2. Welche Variablentransformationen sind nötig, um $y = a^{3x-4}$ in eine lineare Funktion zu transformieren?

3. Die Funktion $y = 0{,}25x^4 + 2x + 1$ soll durch die Variablentransformation $x^\star = x$, $y^\star = 4y - 4$ in eine Funktion $y^\star = h(x^\star)$ transformiert werden. Welche der untenstehenden Funktionsgleichungen gibt diese Funktion $h(x^\star)$ an?

a) $y^\star = 0{,}25x^{\star\,2} + 2x^\star + 1;$ **b)** $y^\star = 0{,}25x^{\star\,2} + 8x^\star + 4;$

c) $y^\star = x^{\star\,2} + 8x^\star + 4;$ **d)** $y^\star = x^{\star\,4} + 8x^\star.$

4. Wie lautet die Gleichung der Funktion $y = e^x + x^n$ in dem $(x^\star, y^\star)$-Koordinatensystem, das aus dem (x, y)-Koordinatensystem durch die Transformationen $x^\star = e^x$; $y^\star = y + 1$ entsteht?

5. Wie lautet die Gleichung der Funktion $y = x^2 - 1$ in einem $(x^\star, y^\star)$-Koordinatensystem, das aus dem (x, y)-Koordinatensystem durch die Transformation $x^\star = \ln x + 1$; $y^\star = \ln(y + 1)$ entsteht?

6. Bestimme die Funktion $y = f(x)$, welche durch eine Variablentransformation $y^\star = \ln y$ und $x^\star = -2x$ in die Funktion $y^\star = x^\star + 1$ übergeht.

7. Bestimme die Funktion $y = f(x)$, welche in einem $(x^\star, y^\star)$-Koordinatensystem mit $x = \sqrt{x^\star}$ und $y = y^\star - 1$ folgende Gestalt hat: $y^\star = x^{\star\,2} + x^\star.$

6.6   Durchschnittsfunktionen

1. Gib zu jeder der folgenden Funktionen die Durchschnittsfunktion und, falls sie existiert, die Umkehrfunktion an.

a) $y = 10^{4x};$ **b)** $y = x^4 + 4x^2 + 4.$

2. Konstruiere in den Punkten x_1, x_2, x_3 und x_4 den Punkt der Durchschnittsfunktion der gegebenen Funktion $f(x)$.

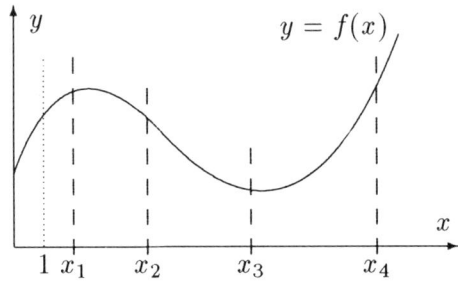

3. **a)** Trage in der folgenden Skizze die Punkte der Durchschnittsfunktion von $y = f(x)$ an den Stellen x_1 und x_2 ein.

b) Kennzeichne auf der x-Achse die Intervalle, in denen die Durchschnittsfunktion monoton steigend ist.

Hinweis zu **b)**: Es kommt nicht auf eine "punktgenaue" Angabe an.

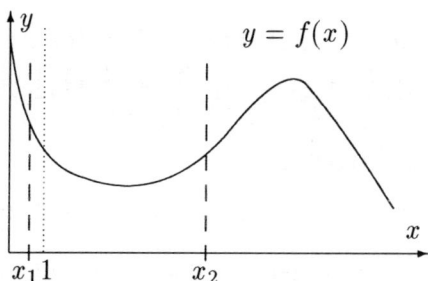

4. Gegeben sei die graphische Darstellung der Gewinnfunktion $G = G(x)$. Gib den Wert der zugehörigen Durchschnittsfunktion an den Stellen   **a)** $x = 1$;   **b)** $x = 3$;   **c)** $x = 7$ an.

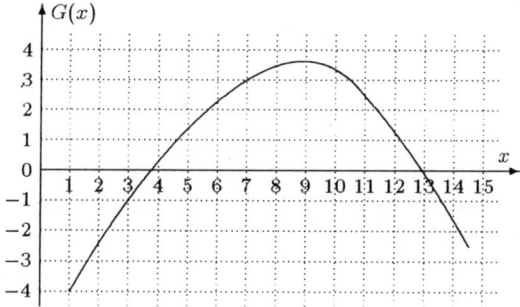

7 Funktionen mit mehreren unabhängigen Variablen

7.1 Darstellung

1. Die Darstellung der Funktion $z = 2x + y + 1$ im dreidimensionalen Raum ist:

   a) eine Ebene, die mit der x-y-Ebene die Schnittgerade $y = -2x - 1$ gemeinsam hat.

   b) ein Raum, der von den Koordinatenachsen und den Schnittgeraden $y = -2x - 1$, $z = y + 1$ und $x = 0{,}5z - 0{,}5$ begrenzt wird.

   c) eine Ebene, die die z-Achse an der Stelle $z = 1$ schneidet.

   d) keine Ebene, sondern eine kegelförmige Fläche.

   e) keine Ebene, sondern drei Geraden, die sich jeweils auf der x-Achse, der y-Achse und der z-Achse in einem Punkt schneiden.

   f) eine Ebene, die die z-y-Ebene in der Geraden $y = z - 1$ schneidet.

2. Gegeben sei die Funktion $z = 2x^2 + 3y^2$. Skizziere die Isohöhenlinien für $z = 1$ und $z = 6$.

3. Gegeben sei die Funktion $z = f(x, y) = e^{-x + \sqrt{y}}$. Gib die Funktion $y = g(x)$ an, die die Isohöhenlinie $f(x, y) \equiv 1$ beschreibt.

4. Gegeben ist die Funktion $z = -4x - 3y + 12$. Welche der folgenden Kurven liefern eine graphische Darstellung der Isohöhenlinie für $z = 6$?

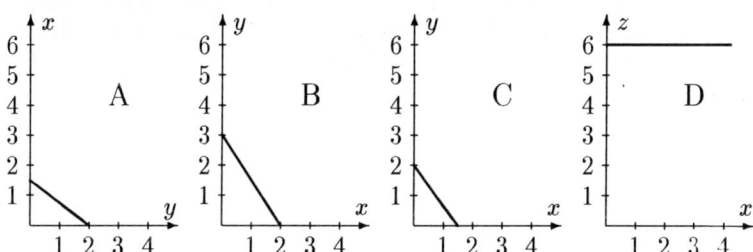

5. In welcher der Figuren wird die Funktion $z = x^2 + x + 4 - y$ durch Isohöhenlinien für $z = 0, 1, 2, 3$ dargestellt?

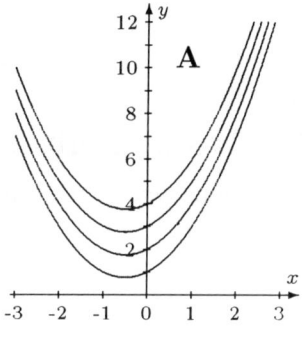

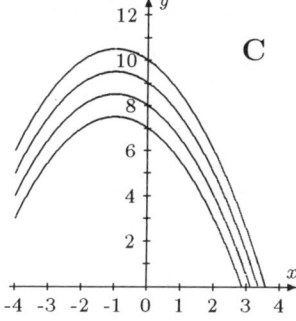

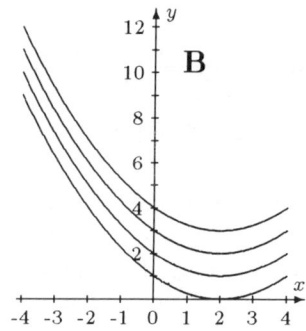

6. Wie kann man die folgenden Funktionen durch Isohöhenlinien in einer (x, y)-Ebene darstellen? (Beschreibe die Form der Isohöhenlinien.)   **a)** $z = ax + by + c$;   **b)** $z = x^2 + y^2$.

7. Eine Firma stellt ein Produkt P aus den beiden Rohstoffen r_1 und r_2 her. In der folgenden Skizze sind die Isoquanten der Produktionsfunktion für verschiedene Produktionsmengen x dargestellt. Zu welcher der unter **A)** bis **E)** angegebenen allgemeinenen Funktionsgleichungen gehört die Produktionsfunktion? ($a, b, c, d \in \mathbb{R}\backslash\{0\}$).

A) $x = ar_1 + br_2$; **B)** $x = ar_1^2 + br_2$; **C)** $x = ar_1^c r_2^d$;
D) $x = ar_1 + br_2^2$; **E)** $x = ar_1^2 + br_2^2 + cr_1r_2$.

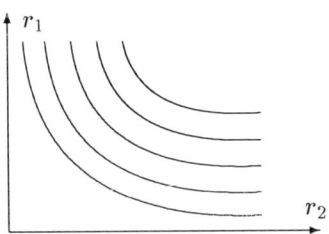

7.2 Homogenität

1. Bestimme den Homogenitätsgrad der folgenden Funktionen:

a) $z = \sqrt{3x^2y^2 + 2x^4 + 4xy^3}$; **b)** $z = \dfrac{x^2y + x^3 + y^3}{xy^2 + x^2y}$;

c) $z = \dfrac{1}{x^2 + y^2}$.

2. Bestimme den Homogenitätsgrad der folgenden Funktionen:

a) $z = \dfrac{xy + x^2}{x^2y + xy^2}$; **b)** $z = \sqrt[3]{4x^2y^4 + 3x^5y}$;

c) $z = \dfrac{x^2y + y^3}{x^3 + xy + y^3}$.

3. Gegeben ist die linear homogene Produktionsfunktion $x = 2r_1^m r_2^{0,5}$.
a) Bestimme m.
b) Wie verändert sich die Produktionsmenge x, wenn die Einsatzmengen beider Faktoren verdoppelt werden?

4. Gegeben ist die Produktionsfunktion $x = Ar_1^a r_2^b$. Welche Beziehung muss zwischen a und b bestehen, damit die Produktionsfunktion linear homogen ist?

5. Ein Produkt P wird in der Menge x aus drei Rohstoffen in den Mengen r_1, r_2 und r_3 gemäß der folgenden Produktionsfunktion hergestellt: $x = r_1^2 r_2 + r_1^3 + r_2^3$. Ist diese Produktionsfunktion homogen, wenn ja, von welchem Grad? Wie wirkt sich eine Verdopplung der eingesetzten Rohstoffmengen aus?

6. Bestimme den Homogenitätsgrad:

a) $y = \sqrt{x^2 + \sqrt{x^4}} \cdot \ln e^x$;   b) $z = \dfrac{\sqrt{x^5 y} + x^3 \sin 53°}{x^2 y + x y^2}$.

7.3   Ökonomische Funktionen

1. Die Kosten für die Produktion von x Mengeneinheiten eines Gutes betragen $K(x) = x^2 + 100$. Der Erlös beträgt $E = px$. Skizziere die Isogewinnlinien in einem (p, x)-Koordinatensystem für $G = 0$ und $G = 100$ Währungseinheiten.

2. Bauer B. hat begonnen, um den Bedarf seiner Familie an Kino- und Theaterbesuchen zu befriedigen, Sonnenblumenbrote herzustellen. Seine fixen Kosten betragen EUR 1.000,00. Jedes Brot wird zu variablen Stückkosten von EUR 4,00 hergestellt und für EUR 8,00 verkauft.

a) Zeichne die Kosten-, Erlös- und Gewinnfunktion und bestimme die Gewinnschwelle ("Break-Even-Point").

b) Nach einiger Zeit wird ein Sondertarif mit einem Großunternehmer vereinbart. Der Erlös berechnet sich in Abhängigkeit von der Menge x zu

$$E = 20e^{-\frac{300}{x} + 1} \quad ; x \geq 100 .$$

Die Gesamtkosten betragen jetzt: $K = 20e^{-\frac{100}{x}}$; $x \geq 100$. Wo liegt die Gewinnschwelle?

8 Folgen, Reihen und Grenzwerte

8.1 Folgen und Reihen

1. Welches ist das nächste Glied der Folge $0, 1, 1, 2, 3, 5, 8, 13$?

a) 21 ;   b) 18 ;   c) 16 ;   d) 26 .

2. Bestimme für die Folgen a) bis d) das allgemeine Glied.

a) $1, -1/2, 1/3, -1/4, \ldots$;   b) $2, \frac{9}{4}, \frac{64}{27}, \frac{625}{256}, \ldots$;

c) $1, 2, 3, 4, \ldots$;   d) $3, \frac{5}{2}, \frac{7}{3}, \frac{9}{4}, \ldots$.

3. Bestimme das allgemeine Glied a_n:

a) $1,1; 1,01; 1,001; 1,0001; \ldots$;   b) $1, 3, 6, 10, 15, 21, \ldots$;

c) $0, 1, 0, 1, 0, 1 \ldots$.

4. Bestimme das allgemeine Glied a_n:

a) $-2, \frac{3}{2}, -\frac{4}{9}, \frac{5}{64}, \ldots$;   b) $1, 2, 2, 4, 16, 65.536, \ldots$.

5. Gegeben ist die Folge $\frac{2}{3}, \frac{4}{9}, \frac{8}{27}, \frac{16}{81}, \frac{32}{243}, \ldots$.

a) Um welchen Typ von Folge handelt es sich?

b) Gib das 6. Glied an!

c) Berechne die Summe der ersten 5 Glieder!

6. Eine Unternehmung produziert 200 Einheiten eines Gutes im ersten Jahr und steigert die Produktion in jedem der folgenden Jahre um 50 Einheiten.

a) Wie groß ist die Gesamtsumme der Produktionen nach 7 Jahren?

b) Wieviel Einheiten werden im 10. Jahr produziert?

7. Gegeben seien drei Zahlenfolgen $\{x_i\}$, $\{y_i\}$, $\{z_i\}$, die nach folgenden Gesetzten gebildet werden:

$x_i = 1/i$ für $i = 1, 2, \ldots$

$y_i = (-1)^{i-1} 2i + 1$ für $i = 1, 2, \ldots$

$z_i = z_{i-1} z_{i-2}$ für $i = 3, 4, \ldots$ $z_1 = 1$, $z_2 = 2$.

Wie lauten die ersten fünf Glieder der Zahlenfolgen $\{v_i\}$, wenn man ihre Glieder nach der Vorschrift $v_i = x_i + y_i + z_i$ bildet?

8. Bestimme: **a)** $\sum\limits_{i=1}^{20} 3i$;   **b)** $\sum\limits_{i=1}^{10} (4i + 3)$.

9. Bestimme: **a)** $\sum\limits_{i=1}^{5} 4 \cdot 2^i$;   **b)** $\sum\limits_{i=1}^{6} 8 \cdot \left(\frac{1}{2}\right)^i$.

8.2   Grenzwerte von Folgen

1. Bestimme: **a)** $\lim\limits_{n\to\infty} \dfrac{2n + 1}{n}$;   **b)** $\lim\limits_{n\to\infty} 4^n$.

2. Bestimme: **a)** $\lim\limits_{n\to\infty} \dfrac{7n^2 - 4n + 8}{5n^2 - 6n}$;   **b)** $\lim\limits_{n\to\infty} \left(3 - \frac{3}{n}\right)$.

3. Gegeben ist die Folge mit dem allgemeinen Glied

$$a_n = (-1)^n + \frac{1}{n^3} .$$

Welche der folgenden Aussagen über diese Folge sind richtig?

a) Die Folge hat zwei Grenzwerte.

b) 1 und -1 sind Häufungspunkte der Folge.

c) Die Folge ist beschränkt und streng monoton fallend.

d) Die Folge konvergiert nicht.

4. Bestimme: $\lim\limits_{n\to\infty} \dfrac{\frac{1}{6} n^6 + n^4 + 1}{\frac{1}{2} n^6 + n^5}$.

8.3   Grenzwerte von Reihen

1. Bestimme: $\frac{1}{3} \sum\limits_{k=2}^{\infty} 5 \left(\frac{1}{3}\right)^k$.

2. Bestimme: $\sum\limits_{i=2}^{\infty} \left(\frac{1}{4}\right)^{i-1}$.

3. Bestimme: $\sum\limits_{n=0}^{\infty} (1 - a)^n$; $0 < a < 1$.

4. Bestimme folgende Ausdrücke, sofern sie existieren:

a) $\sum\limits_{n=0}^{\infty} n$;   **b)** $\sum\limits_{n=2}^{\infty} \frac{1}{2^n}$.

5. Welches ist der Wert der Reihe $\sum\limits_{k=1}^{\infty} \frac{1}{2^k}$?

a) $\frac{2}{3}$;   **b)** 1 ;   **c)** 0 ;   **d)** $0{,}5$;   **e)** 2 .

6. Bestimme $\sum\limits_{i=1}^{\infty} \left[\left(\frac{1}{6}\right)^{i-1} + \left(\frac{1}{11}\right)^{i} \right]$.

7. Bestimme den Wert der Reihe: $\sum\limits_{i=-2}^{\infty} \left[\left(\frac{1}{3}\right)^{i-2} + 6 \left(\frac{1}{4}\right)^{i+1} \right]$.

8. Bestimme: $\sum\limits_{i=-1}^{\infty} \left[\left(\frac{1}{3}\right)^{i+1} + \left(\frac{1}{4}\right)^{i-1} \right]$.

8.4 Grenzwerte von Funktionen

1. Bestimme: **a)** $\lim\limits_{x \to -1} \dfrac{x^2 + 2x + 1}{x^2 - x - 2}$;   **b)** $\lim\limits_{x \to 0} x^{-1} \cdot \ln x$.

2. Bestimme: $\lim\limits_{x \to 1^+} \dfrac{x^2 - 3x + 2}{x - 1}$.

3. Bestimme:

a) $\lim\limits_{x \to 1} \left(\dfrac{1}{x - 1} - \dfrac{2}{x^2 - 1} \right)$;   **b)** $\lim\limits_{x \to 3} \dfrac{x^2 - 9}{x^2 - 2x - 3}$;   **c)** $\lim\limits_{x \to 0} \dfrac{x + 1}{x^2 - 1}$.

9 Finanzmathematik

9.1 Zinseszinsrechnung

1. Paul bringt EUR 6.000 zu 10% Zinseszinsen zur Bank. Wie groß ist sein Kapital nach 4 Jahren?

2. Eine in 3 Jahren fällige Schuld in Höhe von EUR 5.000 soll heute zurückgezahlt werden. Wieviel muss man zurückzahlen, wenn 10% Zinseszinsen zugrundegelegt werden?

3. Ein Freund schuldet Paul EUR 500, die er in einem Jahr zurückzahlen soll. Wieviel müßte er ihm zahlen, wenn er das Geld heute zurückzahlen würde und Paul das Geld zu einem Zinssatz von 3,5% auf einem Sparbuch anlegen könnte?

4. Durch welche Summe kann man heute eine Zahlung von EUR 1.000, die erst in 2 Jahren fällig wird, ablösen ($p = 7\%$)?

5. Paul leiht sich EUR 1.000 und soll nach 3 Jahren unter Berücksichtigung von Zinseszinsen EUR 1.200 zurückzahlen. Wie hoch ist der Zinsfuß?

6. Paul möchte eine größere Anschaffung vornehmen, für die er einen Betrag von EUR 1.000 benötigt. Ein Bankkredit würde an Jahreszinsen 8,5% kosten. Er kann diesen nach zehn Monaten zurückzahlen. Ein Überziehungskredit auf seinem privaten Bankkonto kostet einen Jahreszins von 14%. Diesen könnte er, wenn er sich ein wenig einschränkt, in monatlichen Raten von EUR 100 "zurückzahlen" Welchen Kredit sollte er wählen?

7. Die Großbank "Wucher + Sohn" gibt neuerdings Sparbriefe mit 10 Jahren Laufzeit heraus, die folgende Zinsen bringen: 5 Jahre lang 5% und dann 5 Jahre lang 10%. Welchem Durchschnittszinssatz entspricht dies?

8. Wie lange dauert es, bis sich EUR 5.000 bei 7,5% Zinseszinsen verdoppeln?

9.2 Unterjährige Verzinsung und stetige Verzinsung

1. Ein Kapital $K_0 = 2.000$ EUR wurde auf 10 Jahre bei einem Zinsfuß von 6% festgelegt. Wie groß ist die Kapitalzunahme nach Ablauf der Anlagezeit bei
   a) einfacher Verzinsung?
   b) halbjähriger Verzinsung mit Zinseszinsen?
   c) stetiger Verzinsung?

2. Ein Kapital $K_0 = 5.000$ EUR wird zu $p = 8\%$ angelegt. Auf welchen Betrag wächst das Kapital in 4 Jahren bei a) jährlicher, b) halbjährlicher, c) monatlicher Verzinsung?

3. Auf wieviel wächst ein Kapital von EUR 500 bei einem Zinsfuß von 8% in 5 Jahren bei a) jährlicher Verzinsung und b) stetiger Verzinsung an?

9.3 Rentenrechnung

1. Der Ökonomie-Student Paul hat bei seinem Vetter Franz einen Schuldschein unterschrieben, nach dem er in 2 Jahren EUR 8.000 an diesen zahlen muss. Er vereinbart nun mit Franz, die Schuld in 5 Jahres-Raten zurückzuzahlen und damit sofort zu beginnnen. Wie hoch sind bei einem Zinsfuß von 6% diese Raten?

2. Der Student Paul hat am 01.01.1995 mit einer Bank einen Sparvertrag zu einem Zinsfuß von $p = 6\%$ abgeschlossen. Er hat 10 Jahre am Anfang eines jeden Jahres EUR 1.000 auf ein Konto eingezahlt. Da er sich nach seinem Studium in 5 Jahren selbstständig machen möchte, will er am Ende des Jahres 2009 als Startkapital EUR 25.000 auf seinem Sparkonto haben und ist bereit ab 01.01.2005 eine höhere Rate zu zahlen. Wie groß sind die Raten, die Paul am Anfang eines jeden Jahres einzahlen muss, wenn er Ende 2009 EUR 25.000 besitzen will?

3. Herr C. beschließt bei der Geburt seines Sohnes K. ab 01.01.2005 jeweils am Jahresanfang EUR 1.000 auf ein Konto einzuzahlen.
   a) Über welchen Betrag kann sein Sohn nach 18 Jahren verfügen, wenn ein Zinssatz von 5% unterstellt wird?
   b) Wie hoch sollte die Rate sein, damit der Sohn über ein Betrag von EUR 36.000 verfügen kann?

4. Der Student Paul möchte sich am 01.01.2005 eine Schuhbindemaschine kaufen. Für den Kaufpreis zahlt er am 01.01.2002 EUR 1.000, am 01.01.2003 EUR 500 und am 01.01.2004 EUR 2.000 auf ein Sparbuch ein. Die Bank zahlt 5% Zinsen. Mit welcher konstanten Jahresrate hätte er dasselbe Endkapital erreicht?

5. Welchen Betrag muss man bei 4% Zinseszinsen jeweils am Ende eines Jahres auf dem Konto einzahlen, wenn man nach 5 Jahren EUR 10.000 auf dem Konto haben will?

6. Fritz F. will am 1.4. dieses Jahres ein Studium zum Diplom-Ökonomen beginnen. Wegen der vorgeschriebenen Regelstudienzeit weiß er, dass er genau vier Jahre später sein Studium beenden wird. Um seinen Start ins Berufsleben zu erleichtern, möchte er bis dahin EUR 10.000 gespart haben. Seine Bank bietet ihm einen Zinssatz von 4% pro Jahr. Welchen gleichbleibenden Betrag muss Fritz F. jährlich einzahlen?

7. Jemand zahlt 8 Jahre zum Jahresende EUR 1.500 auf ein Konto ein. Wieviel ist nach 8 Jahren auf dem Konto, bei 7% Zinseszinsen?

8. Franz F. Aulmeyer, Student in Frührente, hat u.a. Anspruch auf eine zu Beginn eines Jahres fällige Rente in Höhe von EUR 5.000/Jahr für 15 Jahre. Er möchte sich diese Rente auf einmal auszahlen lassen (Zinsfuß 5%). Er zahlt den Betrag auf ein Sparkonto ein (Zinsfuß 3%). Wieviel muss er jetzt noch dazuzahlen, damit er nach 3 Jahren EUR 75.000 auf dem Sparkonto hat?

9.4 Tilgungsrechnung

1. Eine Schuld von EUR 200.000 soll bei 6% Zinsen in 8 Jahren mit konstanter Tilgungsrate getilgt werden. Stelle einen Tilgungsplan auf.

2. Eine Schuld von EUR 50.000 soll in 20 Jahren bei einem Zinsfuß von $p = 8\%$ und nachschüssiger Verzinsung durch eine konstante Annuität A getilgt werden. Wie groß ist A?

3. Paul benötigt einen Geldbetrag von EUR 100.000 und will dafür eine Hypothek auf das von seiner Tante Olga geerbte Häuschen aufnehmen. Er erhält zwei Angebote A und B:
   Angebot A: Zins 5,25% p.A., Tilgung 1% p.A., Auszahlung 96%.
   Angebot B: Zins 6,0% p.A., Tilgung 1% p.A., Auszahlung 100%.
   Die Tilgung soll als Annuitätentilgung erfolgen. Welches Angebot bietet die niedrigere monatliche Belastung?
   Hinweis: Man muss daran denken, dass Paul EUR 100.000 ausgezahlt haben will. Um die Antwort begründen zu können, reicht eine überschlagsmäßige Rechnung aus!

10 Differentiation von Funktionen mit einer unabhängigen Variablen

10.1 Die erste Ableitung einer Funktion

1. Die untenstehende Figur zeigt die graphische Darstellung einer Funktion.

   a) Gib eine graphische Interpretation der 1. Ableitung im Punkt P.

   b) Bestimme den Wert der 1. Ableitung im Punkt P auf graphischem Wege.

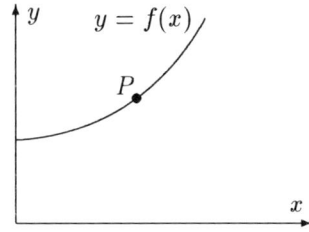

2. Bestimme die erste Ableitung von $y = x^4$ über den Grenzwert des Differenzenquotienten.

3. Worüber kann die 1. Ableitung einer Funktion $y = f(x)$ Auskunft geben?

   a) Die relative Änderung des Funktionswertes.

   b) Die Steigung der Funktion.

   c) Die absolute Änderung der unabhängigen Variablen.

   d) Die näherungsweise Änderung der abhängigen Variablen bei einer Änderung der unabhängigen Variablen um eine Einheit.

4. Gegeben ist die folgende Darstellung einer Funktion $y = f(x)$. Skizziere den Verlauf der 1. Ableitung.

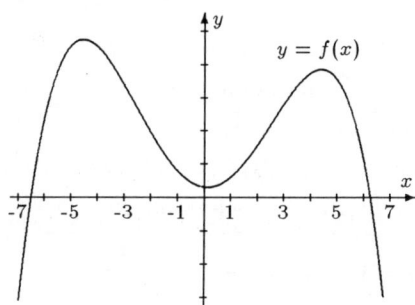

10.2 Die erste Ableitung elementarer Funktionen und Differentiationsregeln

1. Bestimme die erste Ableitung zu

a) $y = x^{18}$; **b)** $y = \sqrt[4]{x}$; **c)** $y = \sqrt[4]{x^7}$;

d) $y = \dfrac{1}{x^5}$; **e)** $y = \dfrac{1}{\sqrt{x}}$; **f)** $y = \left(\dfrac{1}{\sqrt[4]{x}}\right)^7$.

2. Bestimme die erste Ableitung:

a) $y = 2x^2 + 4x$; **b)** $y = x^3 + e^x$; **c)** $y = \ln x + x^4 + 3$;

d) $y = \dfrac{2}{x^2}$; **e)** $y = \sqrt[3]{x}$; **f)** $y = \sqrt[4]{x^5}$.

3. Bestimme die erste Ableitung:

a) $y = 2x^2 \ln x$; **b)** $y = \dfrac{2x^3 + x}{e^x}$; **c)** $y = \dfrac{x + 3}{x^2 - 4}$;

d) $y = (2x - 1)(5x + 3)$; **e)** $y = x^2 e^{-x}$; **f)** $y = x^6 \sqrt[3]{x}$.

4. Bestimme die erste Ableitung:

   a) $y = \sqrt{x-1}$;   **b)** $y = (x+5)^3$;   **c)** $y = \ln\left(x^3 - 4x^2\right)$;

   d) $y = e^{x^3}\ln x$;   **e)** $y = x^{2x}$;   **f)** $y = \left(\dfrac{x+1}{x-1}\right)^2$;

   g) $y = x^{x^2}$;   **h)** $y = \ln\sqrt[5]{x^3}$.

5. Bestimme die erste Ableitung:

   a) $y = x\ln x^2 - 2x$;   **b)** $y = e^{-2x}\sqrt{x^2 + 2}$;   **c)** $y = \ln(x+3)^2$.

6. Gegeben sei die Preis-Absatzfunktion $p = 100 - 2x$. Bestimme die Grenzerlösfunktion.

7. Gegeben sei die Gesamtkostenfunktion $K = K(x) = 6\ln(1 + 3x)$.
   a) Bestimme die Grenzkostenfunktion.
   b) Gib die Grenzkosten für $x = 6$ an.

10.3   Höhere Ableitungen

1. Bestimme die 1., 2. und 3. Ableitung zu $y = 5x^4 + \ln x + e^x$.

2. Bestimme die 1. und die 2. Ableitung der Funktion $y = 2e^x - x^2$.

3. Bestimme die 1. und die 2. Ableitung der Funktion $y = a^{x^2}$.

10.4   Regel von de l'HOSPITAL

1. Bestimme folgende Grenzwerte mit der Regel von l'HOSPITAL:

   a) $\lim\limits_{x\to 0}\dfrac{e^x - x - 1}{x^2}$;   **b)** $\lim\limits_{x\to 2}\dfrac{x^2 - 3x + 2}{x - 2}$;   **c)** $\lim\limits_{x\to\infty}\dfrac{\sqrt{x} + 2x}{x}$.

2. Bestimme folgende Grenzwerte, falls sie existieren:

   a) $\lim\limits_{x\to 2}\dfrac{2x - 4}{3x^2 - 12}$;   **b)** $\lim\limits_{x\to 0} x^3 \ln x^2$.

3. Bestimme den Grenzwert: $\lim\limits_{x\to 2^+}\dfrac{\sqrt{x} - \sqrt{2}}{\sqrt{x - 2}}$.

4. Bestimme folgende Grenzwerte (sofern sie existieren):

   a) $\lim\limits_{x\to 4}\dfrac{2x}{2x - 8}$;   **b)** $\lim\limits_{x\to 4}\dfrac{x^2 - 16}{x - 4}$.

11 Anwendung der Differentialrechnung zur Untersuchung von Funktionen

1. Untersuche die Funktion $y = \frac{2}{3}x^3 - 4x^2 + 6x - 1$ auf Extremwerte und Wendepunkte, und bestimme die Bereiche, in denen die Funktion konkav bzw. konvex ist.

2. Bestimme für die Funktion $y = \frac{1}{6}x^3 - \frac{1}{2}x^2 - \frac{3}{2}x$.
   a) Nullstellen, **b)** Extremwerte und **c)** Wendepunkte.

3. Gegeben ist die Funktion $y = x^4 - 8x^2 - 9$. Bestimme **a)** Nullstellen, **b)** Extremwerte, **c)** Wendepunkte und **d)** die Bereiche, in denen die Funktion streng monoton steigt.

4. Untersuche die Funktion $y = x^6 - 6x^4$ auf Extremwerte und auf Wendepunkte.

5. **a)** Für eine Funktion $y = f(x)$ gilt an der Stelle x_0
   $f'(x_0) = 0$; $f''(x_0) = 0$; $f'''(x_0) = 2$; $f''''(x_0) = 0$.
   Was folgt daraus für x_0?
   b) Für eine Funktion $y = f(x)$ gilt an der Stelle x_1
   $f'(x_1) = 0$; $f''(x_1) = 0$; $f'''(x_1) = 0$; $f''''(x_1) \neq 0$.
   Was folgt daraus für x_1?
   c) Für eine Funktion $y = f(x)$ gilt an der Stelle x_2
   $f'(x_2) \neq 0$; $f''(x_2) = 0$; $f'''(x_2) = 0$; $f''''(x_2) \neq 0$.
   Was folgt daraus für x_2?
   d) Die Funktion $y = f(x)$ hat bei x_0 einen Extremwert. Es ist $f''(x_0) = 0$. Was folgt daraus für $f'''(x_0)$?

6. Für eine Funktion $y = f(x)$ gilt an der Stelle x_0:
   $f(x_0) = 0$; $f'(x_0) = 1$; $f''(x_0) = 0$; $f'''(x_0) = -1$.
   Welche Aussagen kann man über das Vorliegen von Extremwerten und Wendepunkten an der Stelle x_0 machen?

7. Gegeben ist die Kostenfunktion $K(x) = x^3 - 15x^2 + 81x + 20$ eines Unternehmens bei der Produktion eines Gutes, das zum Preis von $p = 54$ (Währungseinheiten) verkauft wird.

a) Bestimme die Erlösfunktion.

b) Wieviel Mengeneinheiten des Gutes müssen umgesetzt werden, um den Gewinn zu maximieren? Wie hoch ist der maximale Gewinn?

c) An welcher Stelle x erreichen die Grenzkosten ihr Minimum, welchen Wert haben sie an dieser Stelle. Wie hoch sind die Durchschnittskosten an dieser Stelle?

8. Gegeben ist die Funktion $y = f(x) = x^3 + x$. Prüfe a) unter Verwendung der Ableitungen der Funktion, b) über die Definition der strengen Monotonie, ob die Funktion streng monoton fallend oder steigend ist.

9. Untersuche, in welchen Bereichen die Funktion $y = x + \dfrac{1}{x}$ konvex bzw. konkav verläuft!

10. Untersuche die Funktion $y = e^{-2x} + 2x$ auf Extremwerte und Wendepunkte und bestimme die Bereiche, in denen die Funktion streng monoton steigend bzw. streng monoton fallend ist.

11. Gegeben ist die Funktion $y = e^x - x + 1$.

a) Untersuche die Funktion auf Extremwerte.

b) Bestimme unter Verwendung der Ableitungen die Bereiche, in denen die Funktion streng monoton steigend bzw. streng monoton fallend ist.

12. Gegeben sei die Preisabsatzfunktion $p(x) = 6 - \dfrac{x}{2}$ für das Intervall $0 \leq x \leq 12$ und die Kostenfunktion $K(x) = 2x^2 - 14x + 25$. Bestimme: a) das Erlösmaximum; b) das Gewinnmaximum; c) den Cournot'schen Punkt. d) Negative Grenzkosten sind ökonomisch nicht sinnvoll. Für welchen Bereich ist dann die Kostenfunktion definiert?

13. Gegeben sie die Funktion $y = \frac{1}{3}x^3 + ax^2 + bx + c$. Welche Bedingungen müssen die Koeffizienten a, b und c erfüllen, damit die Funktion überall streng monoton steigt?

14. In welchen Fällen können Extremwerte einer Funktion $y = f(x)$ nicht mit Hilfe der Differentialrechnung bestimmt werden? (Eventuell Beispiele angeben).

15. Gegeben sei die Kostenfunktion $K = ax^b + c$ mit $a > 0$, $b > 1$, $c \geq 0$. Bestimme: a) die Durchschnittskostenfunktion und b) die Grenzkostenfunktion. c) Bei welcher produzierten Menge x sind die Grenzkosten gleich den Durchschnittskosten?

16. Paul will einen PKW mieten, um die Strecke von Braunschweig nach München zurückzulegen (Streckenlänge 600 km). Der Benzinverbrauch y (in ℓ pro 100 km) hängt von der Fahrgeschwindigkeit x (in km/h) folgendermaßen ab:

$$y = \frac{x}{10} - 5 + \frac{250}{x}$$

a) Welche Geschwindigkeit sollte er fahren, um den Benzinverbrauch zu minimieren?

b) Der Mietpreis für den PKW beträgt 7,50 EUR/Stunde + 40 EUR Grundgebühr. Benzin kostet 1 EUR/Liter. Weitere Kosten entstehen nicht. Stelle eine Kostenfunktion auf, in der die Fahrgeschwindigkeit als unabhängige Variable auftritt.

c) Welche Geschwindigkeit muss Paul fahren, um die Kosten zu minimieren?

Hinweis: Es kann angenommen werden, dass die Geschwindigkeit auf der gesamten Strecke konstant gehalten werden kann.

17. Für ein Unternehmen gelte die folgende Preis-Absatz-Funktion $x = 2000 - 10p$ ($x = $ Absatzmenge, $p = $ Preis). Für die gesamten Kosten K gilt: $K = 5000 + 40x$. Gib den Preis an, bei dem das Unternehmen den höchsten Gewinn erzielt. Wie hoch ist der maximale Gewinn?

18. Für eine Unternehmung, die nur ein Produkt herstellt, gilt die Preis-Absatz-Funktion $p = 50 - 4x$ und die Kostenfunktion $K = 0{,}2x^3 - 4x^2 - 10x + 10$. Bestimme **a)** die Erlösfunktion; **b)** die Gewinnfunktion; **c)** die Produktionsmenge mit maximalem Gewinn und gib diesen an.

12 Partielle Differentiation

12.1 Partielle Ableitungen erster Ordnung

1. Bestimme die partiellen Ableitungen erster Ordnung der Funktion
$z = f(x, y) = x^2 - 2x + 3y^2 + x^2 y^2$.

2. Bestimme die partiellen Ableitungen erster Ordnung der Funktion
$f(x, y, z) = x^3 y z^2 + 2x^2 y^2 z + 5z^3$.

3. Gegeben ist die Funktion $z = 9x^{-0,25} y^{1,25}$.
   a) Bestimme die partiellen Ableitungen erster Ordnung.
   b) Ist die Funktion homogen? Wenn ja, bestimme den Homogenitätsgrad.
   c) Bestimme die Isohöhenlinie für $z = 18$ in der Form $x = f(y)$.

4. Bestimme die partiellen Ableitungen erster Ordnung:

   a) $z = x^2 \ln y + y^2 \ln x + xy + 7$; b) $z = \dfrac{x}{y^2} + x^4 e^y$;

   c) $z = e^{x+y^2} x^2 + \ln\left(x^2\right) y$; d) $z = (x + 7)^3 (y + 1)^2$;

   e) $z = \dfrac{y}{1 + e^x}$.

12.2 Partielle Ableitungen höherer Ordnung

1. Bestimme die partiellen Ableitungen 1. und 2. Ordnung von
$f(x, y, z) = x^2 y + x^2 z + 2z^2$.

2. Bestimme die partiellen Ableitungen 1. und 2. Ordnung von
$f(x, y, z) = x^2 y + x^2 z + 2y z^2 + 3z$.

3. Bestimme die partiellen Ableitungen 1. und 2. Ordnung von
$f(x, y, z) = xz + xy + yz + 2(x + y + z)$.

12.3 Differentiation impliziter Funktionen

1. Bestimme für die implizite Funktion $x^2 + xy + y^2 \equiv 0$ die erste Ableitung $\dfrac{dy}{dx}$.

2. Bestimme die erste Ableitung $\dfrac{dy}{dx}$ der impliziten Funktion
$x^3 + x^2y + 2xy \equiv 0$.

3. Bestimme für die Funktion $f(x,y) \equiv e^x y + y^2 x + 3x^2 y \equiv 0$ die erste Ableitung $\dfrac{dy}{dx}$.

4. Bestimme die erste Ableitung $\dfrac{dy}{dx}$ der impliziten Funktion
$-x^2 \ln y^2 + y^2 \ln x^2 \equiv 0$.

12.4 Ökonomische Anwendungen der partiellen Differentiation

1. Gegeben sei die Produktionsfunktion $x = 4r_1^2 + 5r_2^2 - 12r_1r_2$. Bestimme die partiellen Grenzproduktivitäten.

2. Bauer B. hat, außer einer Hühnerfarm, auch eine kulturell interessierte Frau. Diese ermitteltfür die Familie B. folgende mikroökonomische Konsumfunktion für Konzert- und Theaterbesuche:

$$c = 4\sqrt{y} - y - 0{,}5\,p_K - 0{,}25\,p_T$$

y: Einkommen; c: Konsum; p_K: Preis eines Konzertbesuchs; p_T: Preis eines Theaterbesuchs.

a) Bestimme den Grenzhang zum Konsum in Bezug auf das Einkommen.

b) Für welche y ist der Grenzhang zum Konsum in Bezug auf das Einkommen positiv?

c) Angenommen, das Einkommen sei $y = 4$. Welche Isohöhenlinie beschreibt den Zustand, dass Familie B. den Konzert- und Theaterkonsum vollständig einstellt?

3. Ein Gut wird mit 3 Produktionsfaktoren r_1, r_2, und r_3 gemäß der Produktionsfunktion $x = r_1^2 r_2 r_3^2 + r_2 r_3 - 10r_1^2 r_3^3$ hergestellt. Gib die partiellen Grenzproduktivitäten an.

13 Extremwerte bei Funktionen mit mehreren unabhängigen Variablen

13.1 Extremwerte bei zwei unabhängigen Variablen

1. Untersuche die Funktion $z = x^3 + 3x^2 y + 3xy^2 - 48x$ auf Extremwerte.

2. Untersuche die Funktion $z = 2x^2 y + 2xy^2 + 2xy + \frac{2}{3}y^3 + y^2 - 4y$ auf Extremwerte.

3. Für ein Unternehmen, das zwei Güter in den Mengen x_1 und x_2 herstellt, gilt die Gewinnfunktion

   $$G(x_1, x_2) = 14x_1 + 28x_2 - x_1^2 - 2x_2^2 + x_1 x_2 .$$

   Bestimme den Produktionsplan mit höchstem Gewinn.

4. Untersuche die Funktion $z(x, y) = x^4 - 4x^2 + y^2 + 6y + 13$ auf Extremwerte.

5. Eine Funktion $z = f(x, y)$ wird auf Extremwerte untersucht. An den Stellen **A, B, C, D, E** verschwinden die beiden partiellen Ableitungen 1. Ordnung. Welche Folgerung ergibt sich jeweils bei den genannten Bedingungen?

   A) $f''_{xx} < 0$; $f''_{yy} < 0$; $f''_{xx} \cdot f''_{yy} > \left(f''_{xy}\right)^2$;

   B) $f''_{xx} > 0$; $f''_{yy} > 0$; $f''_{xx} \cdot f''_{yy} = \left(f''_{xy}\right)^2$;

   C) $f''_{xx} > 0$; $f''_{yy} < 0$; $f''_{xx} \cdot f''_{yy} > \left(f''_{xy}\right)^2$;

   D) $f''_{xx} < 0$; $f''_{yy} > 0$; $f''_{xx} \cdot f''_{yy} < \left(f''_{xy}\right)^2$;

   E) $f''_{xx} > 0$; $f''_{yy} > 0$; $f''_{xx} \cdot f''_{yy} > \left(f''_{xy}\right)^2$.

6. Untersuche die Funktion $z = x^3 - 27x - 4y + y^2$ auf Extremwerte.

13.2 Extremwerte unter Nebenbedingungen

1. Untersuche die Funktion $z = x^2 + 2xy$ unter der Nebenbedingung $y = -1{,}5x + 6$ auf Extremwerte a) mittels des Ansatzes von Lagrange, b) durch Substitution.

2. Bestimme die Stellen, an denen Extremwerte der Funktion $f(x,y) = 3xy$ unter der Nebenbedingung $x^2 + y^2 = 18$ liegen können.

3. Bestimme die Stellen, an denen die Funktion $f(x,y,z) = x^2 y^2 z^2$ Extremwerte unter der Nebenbedingung $2x + 2y + 2z = 18$ haben kann. Verwende die Methode der Lagrangschen Multiplikatoren und interpretiere den Lagrangschen Multiplikator.

4. Untersuche die Funktion $z = 4x^3 + xy - y + 2$ auf Extremwerte unter der Nebenbedingung $y = xy + 3x$.

13.3 Ökonomische Anwendungen

1. Ein Betrieb hat folgende Produktionsfunktion: $x = 20r_1^{0,25} r_2^{0,75}$. Die Faktorpreise betragen $q_1 = 4$ und $q_2 = 12$. Welche Mengen der Produktionsfaktoren soll man einsetzen, damit die Menge $x = 80$ zu minimalen Kosten produziert wird?

2. Ein Fabrikant möchte Blechcontainer zur Abfallbeseitigung herstellen. Die Grundfläche soll quadratisch sein, die Seitenwände stehen senkrecht auf der Grundfläche. Der Container ist oben offen und soll $4m^3$ fassen. Welche Maße müssen für Kantenlänge a der Grundfläche und Höhe h des Containers gewählt werden, wenn der Blechverbrauch zu seiner Herstellung minimal sein soll?

   a) Formuliere die Aufgabe als Extremwertproblem und gib in Stichworten zwei verschiedene Lösungsmethoden an!

   b) Löse das Problem durch Substitution.

3. Es wird ein Produktionsprozeß betrachtet, bei dem ein Gut mit zwei Produktionsfaktoren r_1 und r_2 hergestellt wird. Die Produktionsfunktion lautet: $x = 5r_1^2 r_2$. Die Kosten werden gegeben durch $K = 6r_1 + 12r_2$. Bestimme die Minimalkostenkombination für eine Produktion von 80 Einheiten des Gutes. Um welchen Betrag ändern sich näherungsweise die Kosten der Minimalkostenkombination, wenn die Produktionsmenge x um eine Einheit geändert wird?

4. Aus einem Kreis mit dem Radius r soll ein Rechteck maximaler Fläche ausgeschnitten werden. Bestimme die Abmessungen des Rechtecks.

5. Ein Betrieb hat die Produktionsfunktion $x = 20r_1^{0,2}r_2^{0,8}$. Die Faktorpreise betragen $q_1 = 3$ und $q_2 = 12$. Welche Mengen der Produktionsfaktoren soll man einsetzen, damit die Menge $x = 100$ zu minimalen Kosten produziert wird?

6. Ein Unternehmer hat 2 voneinander unabhängige Fertigungsbetriebe. Der Gewinn in jedem Betrieb (G_1 bzw. G_2) ist eine Funktion des eingesetzten Kapitals (x_1 bzw. x_2). Es gilt $G_1 = 120\sqrt{x_1}$ EUR und $G_2 = 160\sqrt{x_2}$ EUR. Die gesamte verfügbare Kapitalmenge beträgt 4.000.000 EUR. Wie ist die Kapitalmenge auf die Betriebe aufzuteilen, um einen maximalen Unternehmensgewinn zu erzielen? Wie groß ist der zusätzliche Gewinn, wenn eine zusätzliche EUR Kapital eingesetzt wird?

7. Für die Fertigung eines Produktes X (in der Menge x) werden zwei Produktionsfaktoren A (in der Menge a) und B (in der Menge b) eingesetzt. Die zugehörige Produktionsfunktion ist:

$$x = f(a,b) = 10 - \frac{1}{a} - \frac{1}{b}.$$

Der Gewinn der Unternehmung ergibt sich aus der Funktion $G = 9x - a - 4b$. Berechne diejenige Kombination der Produktionsfaktoren, die den Gewinn der Unternehmung maximiert. Verwende die Lagrangesche Multiplikatorregel.

8. Ein Unternehmen hat folgende Produktionsfunktion: $x = 5\sqrt{r_1 r_2}$. Die Faktorpreise lauten $q_1 = 2$ und $q_2 = 8$.

   a) Bestimme die Minimalkostenkombination der Produktionsfaktoren für die Produktionsmenge $x = 40$.

   b) Wie lauten die Grenzkosten bezüglich x bei Realisierung der Minimalkostenkombination?

   c) In welcher Beziehung stehen Isoquante und Isokostengerade an der Stelle der Minimalkostenkombination zueinander?

9. Ein Bauer hat 37 *ha* Fläche, und zwar Wiese (f_1) für die k Kühe und Getreideanbaufläche (f_2). Je Kuh benötigt er 4 *ha*, je Tonne Getreide (g) 1 *ha*. Der Gewinn ergibt sich als
   $G(k,g) = 6k + 2gk$.

   a) Ermittle mittels der Lagrangeschen Multiplikatorregel die optimale Aufteilung der Fläche.

   b) Um wieviel GE steigt der Gewinn, wenn der Bauer 1 *ha* dazu kauft?

14 Elastizitäten

14.1 Begriff und Eigenschaften

1. Bestimme die Elastizitätsfunktionen der folgenden Funktionen:

   a) $y = x^5 + x^3 + x$;   b) $y = 5\sqrt[3]{x^4}$;   c) $y = e^{3x}$.

2. An welcher Stelle hat die Funktion $y = x^3 + x^2$ die Elastizität $\varepsilon_{yx} = 1$?

3. An welchen Stellen ist die Elastizität ε_{yx} der Funktion $y = x^3 + \dfrac{3}{x}$ gleich Null?

4. Bestimmme die Elastizitätsfunktion zu $y = \sqrt{x^2 + 4}$.

5. Welche Beziehung besteht zwischen y und x an der Stelle, an der der Quotient der relativen Änderungen der beiden Variablen gleich dem Verhältnis ihrer absoluten Änderungen ist?

6. Gegeben sind die Funktionen f und g und es gilt $\varepsilon_{fg,x} = 2$ und $\varepsilon_{f/g,x} = -1$. Bestimme $\varepsilon_{f,x}$ und $\varepsilon_{g,x}$.

7. Ist eine Funktion $y = f(x)$ in einem Intervall elastisch, so gilt in diesem Intervall:

   a) Wenn sich x um eine Einheit ändert, so ändert sich y um mehr als eine Einheit.

   b) Wenn sich x um ein Prozent ändert, so ändert sich y um mehr als ein Prozent.

   c) y ändert sich relativ stärker als x .

   d) Je größer x wird, desto größer wird auch y .

8. Die Elastizität einer Funktion mit einer unabhängigen Variablen ist
   a) eine absolute Größe;
   b) ebenfalls eine Funktion der unabhängigen Variablen;
   c) die infinitesimale relative Änderung der unabhängigen Variablen;
   d) die infinitesimale relative Änderung der abhängigen Variablen;
   e) das Verhältnis der infinitesimalen relativen Änderung der abhängigen Variablen zur infinitesimalen relativen Änderung der unabhängigen Variablen?

9. Kann eine stetig differenzierbare Funktion $y = f(x)$, für deren Elastizität ε_{yx} überall gilt: $\varepsilon_{xy} \neq 0$, einen Extremwert haben (y überall ungleich Null)?

10. Welche der folgenden Aussagen über Elastizitäten sind wahr?

   a) Die Elastizität ist die Differenz der relativen Änderungen von abhängiger und unabhängiger Variablen, bezogen auf eine Einheit der unabhängigen Variablen.

   b) Die Elastizität ist der Quotient der absoluten Änderungen von abhängiger und unabhängiger Variablen, bezogen auf eine Einheit der unabhängigen Variablen.

   c) In den Bereichen, in denen eine Funktion elastisch ist, ist die Änderung der abhängigen Variablen dem Betrag nach prozentual größer als die sie verursachende Änderung der unabhängigen Variablen.

   d) Die Elastizität einer Funktion ist ein Maß für die "Verbiegung" der Kurve in einem vorgegebenen Punkt. Konvexe Funktionen sind daher stets elastisch, konkave Funktionen unelastisch.

   e) Bei einer Funktion mit positiver erster Ableitung läßt sich die Elastizität in einem Punkt als Steigung des Fahrstrahls graphisch bestimmen. Sogar das Vorzeichen ist dabei richtig.

   f) Die Elastizität läßt sich betragsmäßig als Verhältnis der Tangentenabschnitte einer Funktion mit der y-Achse und der x-Achse bestimmen. Das Vorzeichen ist aus dem Anstieg der Funktion ablesbar.

   g) Keine der Aussagen ist richtig.

14.2 Graphische Bestimmung der Elastizität

1. Im folgenden ist die Skizze einer (beliebigen) ökonomischen Funktion $y = f(x)$ gegeben. Kennzeichne die Bereiche, in denen die Funktion elastisch ist.

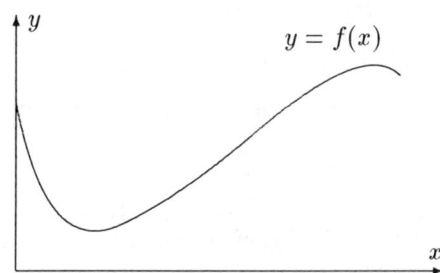

2. Gegeben ist die folgende Skizze einer Funktion $y = f(x)$. Gib die Bereiche an, in denen die Funktion unelastisch ist.

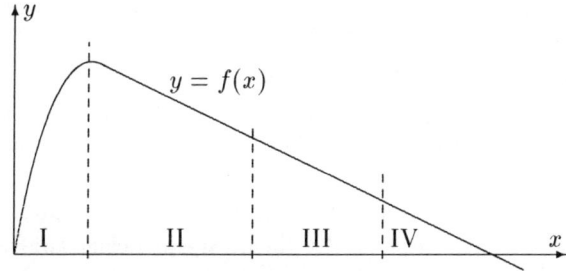

14.3 Partielle Elastizitäten

1. Bestimme für die Funktion $z = x^4 + x^2y^2 + y^4$ die partiellen Elastizitäten.

2. Gegeben ist die Funktion $z = \dfrac{y}{x}$. Bestimme die partiellen Elastizitäten dieser Funktion.

14.4 Ökonomische Anwendungen

1. Eine Unternehmung, die nur ein Gut in der Menge x herstellt, hat folgende Gesamtkostenfunktion: $K = 0{,}1x^2 + 0{,}5x + 5$. Zeige, dass die Elastizität der Gesamtkosten ε_{Kx} um 1 größer ist als die Elastizität der Durchschnittskosten ε_{kx}.

2. Gegeben sei eine Einproduktunternehmung mit einer Erlösfunktion $E = E(x)$ und einer Kostenfunktion $K = K(x)$. Die Gewinnfunktion ergibt sich dann zu $G = G(x) = E(x) - K(x)$. ε_{Ex} und ε_{Kx} sind die Elastizitäten von Erlös und Kosten in Bezug auf die Menge. Welche Beziehung gilt im Gewinnmaximum?

   a) $\varepsilon_{Kx} = \varepsilon_{Ex}$;   b) $\varepsilon_{Kx} : \varepsilon_{Ex} = K : E$;

   c) $\varepsilon_{Ex} : \varepsilon_{Kx} = K : E$;   d) $G' = \varepsilon_{Ex} - \varepsilon_{Kx}$

3. Gegeben sie die Preisabsatzfunktion $x = 200 - \dfrac{p}{8}$.

   a) Bestimme die Nachfrageelastizität in Bezug auf den Preis ε_{xp} sowie ε_{px}.

   b) Bestimme ε_{xp} für $p = 800$.

4. Für welche Preise ist die Nachfrage in Bezug auf den Preis elastisch, wenn die Nachfragefunktion lautet: $p = 20 - 0{,}5x$?

5. Zwischen dem Flaschenpreis p einer Sorte Wein und der jährlichen Nachfrage x pro Kopf der Bevölkerung ist die folgende Beziehung festgestellt worden:

$\log p$	1,55	2,00	2,30	2,70
$\log x$	5,19	4,97	4,82	4,62

   Prüfe nach, ob die Elastizität der Nachfrage nach Wein für alle angegebenen Preise angenähert als konstant angenommen werden kann!

6. Gegeben sei die Nachfragefunktion $x = -1{,}5p + 90$.

   a) Für welche Preise ist die Nachfrage in Bezug auf den Preis elastisch?

   b) In welchem Bereich liegt das Gewinnmaximum des Unternehmens $(G(x) = E(x) - K(x)$; $E(x) = xp(x))$?

15 Integralrechnung

15.1 Unbestimmte Integrale

1. Bestimme die Stammfunktion zu:

   a) $f(x) = 6x^2 + 8x - 3$;   **b)** $f(x) = \dfrac{2}{x}$;   **c)** $f(x) = 3\sqrt[3]{x}$;

   d) $f(x) = -0{,}2e^{-x}$;   **e)** $f(x) = 0{,}5\left(e^x - e^{-x}\right)$.

2. Bestimme die Stammfunktion zu

   a) $f(x) = 0{,}25x^3 \ln x$;   **b)** $f(x) = x^2 e^x$;   **c)** $F(x) = (\ln x)^2$.

3. Bestimme das Integral $\displaystyle\int \frac{3x^2}{x^3 - 4}\,\mathrm{d}x$.

4. Bestimme die Stammfunktion zu $f(x) = x\sqrt{x^2 + 4}$.

15.2 Bestimmte Integrale

1. Bestimme **a)** $\displaystyle\int_{1}^{4} (3x^2 - 4x)\,\mathrm{d}x$;   **b)** $\displaystyle\int_{-1}^{2} \left(10x^4 - \frac{1}{x^2}\right)\mathrm{d}x$.

2. Berechne $\displaystyle\int_{0}^{1} xe^x\,\mathrm{d}x$.

3. Berechne $\displaystyle\int_{0}^{e-1} \frac{e - 1 - x}{1 + x}\,\mathrm{d}x$.

4. Berechne

$$\int\limits_{0}^{2}\left(4x^3 + 3x^2 + 4\right)dx + \int\limits_{-1}^{0}\left(4x^3 + 3x^2 + 4\right)dx - \int\limits_{1}^{2}\left(4x^3 + 3x^2 + 4\right)dx$$

5. Gegeben ist die Funktion $f(x) = x^3 - x^2 - 4x + 4$. Bestimme die Fläche zwischen der Kurve, der x-Achse, der Geraden $x = -4$ und der Geraden

a) $x = 0$; **b)** $x = 4$.

15.3 Ökonomische Anwendungen

1. Die Grenzerlösfunktion einer Unternehmung sei durch

$$U'(x) = 8 - 6x - 3x^2$$

gegeben. Bestimme die Erlösfunktion. Wie groß ist der Wert der im Ergebnis auftretenden Konstanten?

2. Die Grenzkostenfunktion für die Produktion eines Gutes ist gegeben durch

$$K'(x) = \tfrac{1}{8}x^3 + \frac{1}{x + e} \qquad (x = \text{produzierte Menge})$$

Die Fixkosten betragen 1.500 Geldeinheiten. Wie lautet die Kostenfunktion?

3. Die Grenzkostenfunktion für die Produktion eines Gutes A ist gegeben durch $K'(x) = e^x + x^2$ (x = produzierte Menge). Die Fixkosten betragen 1.200 Geldeinheiten. Wie lautet die Kostenfunktion?

4. Gegeben ist die Grenzkostenfunktion $K' = 6x^2 - 10x + 15$. Bei einer Produktion von 10 Mengeneinheiten entstehen Kosten in Höhe von 2.000 Geldeinheiten.

a) Bestimme die Gesamtkostenfunktion.

b) Wie groß sind die fixen Kosten?

c) Wie lautet die Durchschnittskostenfunktion?

16 Differentialgleichungen

1. Gib die Lösung der Differentialgleichung $y' = \dfrac{1}{yx}$ an.

2. Zu einer Funktion $y = f(x)$ lautet die Elastizitätsfunktion $\varepsilon_{yx} = 2x^2$. Wie lautet die Funktion?

3. Gegeben ist die Differentialgleichung $y' = 2y - 4$ für $y > 0$.
   a) Gib die allgemeine Lösung in der Form $y = f(x)$ an.
   b) Für die Lösung soll gelten: $f(0) = 4$. Gib die Lösung für diesen Fall an.

4. Löse die Differentialgleichung $y' - y = 1$, $y > 0$.

5. Welche der unten angegebenen Funktionen ist die Lösung der Differentialgleichung $y' = \dfrac{xy}{x^2 - 1}$? (Es gilt $C \in \mathbb{R}$.)

   A) $y = 0{,}5 \ln x^2 - 1 + C$;   **B)** $y = \ln\left(\sqrt{x^2 - 1}\,\right) C$;

   C) $y = \sqrt{\ln|x^2 - 1|} + C$;   **D)** $y = C\sqrt{x^2 - 1}$.

6. Löse die Differentialgleichung $y' = -\dfrac{x}{y}$ für $y \neq 0$. Welche geometrischen Formen stellen die Lösungskurven dar? Welche geometrische Bedeutung hat die Konstante in der Lösung?

7. Welche Funktion $y = f(x)$ mit der Eigenschaft $f(1) = 4$ ist proportional zu ihrer um 1 vermehrten 1. Ableitung, wobei der Proportionalitätsfaktor k den Wert 2 haben soll? (Hinweis: Es darf $y > 2$ vorausgesetzt werden.)

8. Bestimme eine Nachfragefunktion $x = x(p)$ mit der Elastizität $\varepsilon_{xp} = p$ und der Eigenschaft $x(2) = 1$.

9. Für welche Funktion $y = f(x)$ gilt im gesamten Definitionsbereich $\bar{y} = \varepsilon_{yx}$? (Es sei $y(2) = 1$).

10. Löse die folgenden Differentialgleichungen
    a) $y' = -2y$; $y(1) = 1$;   b) $\left(1 + x^2\right) y' - 2xy = 0$; $y(0) = 1$.

17 Grundlagen der Matrizenrechnung

17.1 Grundbegriffe

1. Gegeben ist die folgende Matrix:
$$\begin{pmatrix} 1 & 2 & 3 & 4 \\ 5 & 6 & 7 & 8 \\ 2 & 4 & 6 & 8 \\ 1 & 3 & 5 & 7 \end{pmatrix}.$$

Welche der folgenden Matrizen ist die Transponierte dieser Matrix?

a) $\begin{pmatrix} 7 & 8 & 8 & 4 \\ 5 & 6 & 7 & 3 \\ 3 & 4 & 6 & 2 \\ 1 & 2 & 5 & 1 \end{pmatrix}$; b) $\begin{pmatrix} 1 & 5 & 2 & 1 \\ 2 & 6 & 4 & 3 \\ 3 & 7 & 6 & 5 \\ 4 & 8 & 8 & 7 \end{pmatrix}$; c) $\begin{pmatrix} 4 & 3 & 2 & 1 \\ 8 & 7 & 6 & 5 \\ 8 & 6 & 4 & 2 \\ 7 & 4 & 3 & 1 \end{pmatrix}$.

2. Gegeben sei eine Matrix der Ordnung $m \times n$. Welche Bedingungen müssen für m und n gelten, damit die Matrix a) quadratisch, b) ein Zeilenvektor, c) ein Spaltenvektor ist?

3. Wann ist eine Matrix symmetrisch?
   a) $AA^{-1} = E$;   b) $A = A^{-1}$;   c) $A^T = A$;
   d) $AA^T = A$;   e) $A = A^T$;   f) $A^{-1} = A^T$.

4. Was versteht man unter einer Diagonalmatrix?

17.2 Addition von Matrizen

1. $A_{3,4} + B_{4,5} = C_{mr}$. Wie groß sind m und r ?

2. Gegeben sind die Matrizen
$$A = \begin{pmatrix} 1 & 4 \\ -2 & 0 \end{pmatrix} ; \quad B = \begin{pmatrix} 2 & -1 & 0 \\ 0 & 3 & 1 \end{pmatrix} ; \quad C = \begin{pmatrix} 8 & 1 \\ 1 & 2 \end{pmatrix} .$$

Bestimme: a) $A + B$; b) $A + C$; c) $A - C$; d) $C - A$; e) B^T .

3. Gegeben sind die Matrizen

$$A = \begin{pmatrix} 1 & 3 \\ 2 & 1 \\ 0 & 1 \end{pmatrix} \; ; \quad B = \begin{pmatrix} 3 & 1 & 6 \\ 2 & 2 & 4 \\ 9 & 3 & 20 \end{pmatrix} \; ; \quad C = \begin{pmatrix} 2 & 0 \\ 0 & 2 \\ 1 & 1 \end{pmatrix} .$$

Bestimme: **a)** $A + C$; **b)** $A - C$; **c)** $A + B$.

4. Wann können zwei Matrizen addiert werden?

a) Wenn die Anzahl der Zeilen und Spalten übereinstimmt?

b) Wenn die Anzahl der Zeilen übereinstimmt?

c) Wenn die Anzahl der Spalten übereinstimmt?

17.3   Skalares Produkt von Vektoren

1. Gegeben sind die beiden Vektoren $a = (a_1, \ldots, a_n)$ und $b = (b_1, \ldots, b_n)$. Wie ist das skalare Produkt dieser Vektoren definiert?

2. In einem sehr einfachen Modell einer Volkswirtschaft kommen nur die Industriezweige 1, 2 und 3 vor, die jeweils nur ein Gut, und zwar X, Y und Z herstellen. Es gibt fünf Nachfrager: den Staat, die privaten Haushalte und die 3 Industriezweige.

Für jeden Verbraucher sind die Nachfragemengen nach den drei Gütern in einem Vektor der Form $A = ($Nachfrage nach X in Mengeneinheiten, Nachfrage nach Y in ME, Nachfrage in Z in ME$)$ gegeben.

Staat: $A_{St} = (10, 8, 7)$;
private Haushalte: $A_{pH} = (5, 6, 6)$;
Industriezweig 1: $A_1 \; = (0, 3, 2)$;
Industriezweig 2: $A_2 \; = (3, 0, 1)$;
Industriezweig 3: $A_3 \; = (4, 2, 0)$;

Die Preise für die Güter X, Y, Z seien 5, 4 und 6 Geldeinheiten. Jeder Industriezweig produziert soviel von seinem Erzeugnis, dass die Nachfrage gerade gedeckt werden kann. Bestimme:

a) die Gesamtnachfrage nach jedem der drei Güter;

b) den Gewinn (Verlust), den jeder Industriezweig erwirtschaftet.

17.4 Multiplikation von Matrizen

1. Was muss für die Durchführung der Matrizenmultiplikation vorausgesetzt werden?

   a) Zeilenzahl des 1. Faktors = Zeilenzahl des 2. Faktors;

   b) Zeilenzahl des 1. Faktors = Spaltenzahl des 2. Faktors;

   c) Spaltenzahl des 1. Faktors = Zeilenzahl des 2. Faktors;

   d) Spaltenzahl des 1. Faktors = Spaltenzahl des 2. Faktors.

2. Gegeben sind die Matrizen

$$A = \begin{pmatrix} 3 & 2 \\ 2 & 1 \end{pmatrix} \; ; \quad B = \begin{pmatrix} 5 & 0 & 4 \\ 3 & 6 & 1 \end{pmatrix} \; ; \quad C = \begin{pmatrix} 1 & -2 \\ -2 & 3 \end{pmatrix} .$$

   Bestimme: a) AB ;   b) BA ;   c) AC .

3. Gegeben sind die Matrizen

$$A = \begin{pmatrix} 1 & 3 \\ 2 & 1 \end{pmatrix} \; ; \quad B = \begin{pmatrix} 0 & -1 & 3 \\ 2 & 0 & 1 \end{pmatrix} \quad \text{und} \quad C = \begin{pmatrix} 0 & 1 \\ 0 & -2 \\ 2 & 0 \end{pmatrix} .$$

   Bestimme: a) AB ;   b) AC ;   c) BC .

4. Berechne: $\begin{pmatrix} 2 & 1 & 0 \\ 0 & 2 & 2 \\ 0 & 0 & 1 \end{pmatrix} \begin{pmatrix} 1 & 0 & 1 & 0 \\ 2 & 3 & 1 & 1 \\ 1 & 0 & 0 & 0 \end{pmatrix}$.

5. $A_{7,8} B_{8,11} = C_{nm}$. Wie groß ist n und m ?

6. Seit Jahren werden die Wählerströme bei Kommunalwahlen in Groß Klekkersdorf beobachtet. Von Wahl zu Wahl ergab sich dabei eine gleichbleibende Übergangsmatrix zwischen den drei kandidierenden Partein des Dorfes:

nach	KS	RK	NSB
von KS	0,8	0,1	0,1
von RK	0,2	0,7	0,1
von NSB	0,2	0,3	0,5

Das letzte Wahlergebnis lautet: KS: 40% ; RK: 50% ; NSB: 10% . Wie lautet das nächste Wahlergebnis?

(Legende: KS = Klekkersdorfer Schwarze; RK = Rotfüchse Klekkersdorf; NSB = Norddeutsche Schwarz-Bunte).

7. Welche Bedingungen erfüllen die Matrizen A und B, wenn ihr Produkt $A_{mn} B_{rs}$

  a) einen Zeilenvektor,

  b) ein Skalar,

  c) einen Spaltenvektor,

  d) eine quadratische Matrix ergibt oder

  e) gar nicht definiert ist?

8. Welche der folgenden Aussagen sind für Matrizen wahr?

  A) $(ABCD)' = (DCBA)'$;   **B)** $(ABCD)' = D'C'B'A'$;

  C) $(ABCD)' = A'B'C'D'$;   **D)** $(ABCD)' = B'A'D'C''$.

9. Ein Unternehmen produziert 3 Güter G_1, G_2 und G_3 aus den vier Rohstoffen R_1, R_2, R_3 und R_4. Folgende Mengen der Rohstoffe werden für die Produktion benötigt (ME = Mengeneinheit):

  für eine ME von G_1: 3 ME R_1, 1 ME R_2, 1 ME R_3 und 2 ME R_4;

  für eine ME von G_2: 1 ME R_1, 0 ME R_2, 4 ME R_3 und 4 ME R_4;

  für eine ME von G_3: 2 ME R_1, 2 ME R_2, 2 ME R_3 und 0 ME R_4.

  a) Welche Rohstoffkosten entstehen für je eine ME jeden Gutes, wenn die Rohstoffkosten: R_1 : 2 GE, R_2 : 1 GE, R_3 : 4 GE, R_4 : 2 GE betragen (GE = Geldeinheit)?

  b) Wieviel Einheiten von jedem Rohstoff werden verbraucht, wenn die folgenden Mengen hergestellt werden: G_1 : 3 ME; G_2 : 3 ME; G_3 : 1 ME?

10. Für die Bundestagswahl 2006 soll mit Hilfe einer Markov-Kette prognostiziert werden, wie die Wahlentscheidung der Wähler von 2002 diesmal ausfallen wird. Aus den neusten Veröffentlichungen des Meinungsforschers Prof. Dr. Populus Quak ist folgendes bekannt:

  CDU-Wähler von 2002 wählen 2006
    zu 80% CDU, zu 10% SPD und zu 5% FDP.
  SPD-Wähler von 2002 wählen 2006
    zu 85% SPD, zu 10% CDU und zu 3% FDP.
  FDP-Wähler von 2002 wählen 2006
    zu 30% FDP, zu 40% CDU und zu 25% SPD.
  Die Wähler der Grünen 2002 wählen 2006
    zu 40% CDU, zu 40% SPD und zu 5% FDP.
  Die an 100% fehlenden Anteile gehen an die Grünen.

  a) Stelle die Übergangsmatrix auf!

  b) Das Wahlergebnis von 2002 lautet: CDU/CSU 44,3%; SPD 37%; FDP 8,3%; Grüne 9,1%. Gib auf dieser Basis eine Prognose für das Wahlergebnis von 2006 mit Hilfe der Markov-Kette in Matrizenschreibweise.

11. Die Volkswirtschaft des Staates Tritanien besteht aus nur drei Zweigen. Jeder Zweig Z_i produziert die Menge x_i gemessen in ihrem Wert in TR (Tritanische Rubel). Ein Teil dieser Menge x_i wird dem Endverbraucher zur Verfügung gestellt, dieser Teil wird mit y_i bezeichnet.
Aufgrund der Verflechtung der Volkswirtschaft liefert der Zweig Z_i aber auch Teile seiner Produktion an die anderen Zweige Z_j und verbraucht einen Teil selbst. Die Koeffizienten der folgenden Matrix $A = (a_{ij})$ geben an, welcher wertmäßige Anteil der Produktion von Z_j aus der Produktion von Z_i stammt:

$$A = \begin{pmatrix} 0,1 & 0,1 & 0,2 \\ 0,3 & 0,2 & 0,1 \\ 0,4 & 0,1 & 0,3 \end{pmatrix}$$

Die Endnachfrage sei wertmäßig durch $y = \begin{pmatrix} 4 \\ 12 \\ 16 \end{pmatrix}$ gegeben.

Welche (wertmäßigen) Mengen müssen von den Zweigen der Volkswirtschaft produziert werden, um die Endnachfrage zu befriedigen? Formuliere hierfür einen geeigneten Lösungsansatz. (Keine Rechnung).

12. Für reelle Zahlen gilt bekanntlich $(a+b)(a-b) = a^2 - b^2$. Warum gilt für Matrizen nicht allgemein $(A+B)(A-B) = A^2 - B^2$?

17.5   Inverse einer Matrix

1. Das Produkt AB zweier $n \times n$-Matrizen A und B ergibt die Einheitsmatrix n-ter Ordnung. Ist B die Inverse zu A ?

2. A, B und C seien quadratische Matrizen der gleichen Ordnung. Es gelte: $AB = AC$. Folgt daraus $B = C$? Begründe die Antwort!

3. Seien A und B zwei Matrizen

$$A = \begin{pmatrix} -1 & -2 & -2 \\ 1 & 2 & 1 \\ -1 & -1 & 0 \end{pmatrix}, \quad B = \begin{pmatrix} -3 & -6 & 2 \\ 2 & 4 & -1 \\ 2 & 3 & 0 \end{pmatrix} .$$

Zeige, dass gilt: **a)** $A = A^{-1}$, **b)** die Matrizenmultiplikation von A und B ist kommutativ.

4. Gegeben sind die Matrizen

$$A = \begin{pmatrix} 2 & 0 \\ 1 & 3 \end{pmatrix} ; B = \begin{pmatrix} 1 & 2 & 3 \\ 5 & 1 & 2 \end{pmatrix} ; C = \begin{pmatrix} 1 & 0 \\ 1 & 2 \\ 0 & 1 \end{pmatrix} .$$

Man bestimme: **a)** C^T ;   **b)** $B + C$;   **c)** $B + C^T$;   **d)** AC ;   **e)** BC ;   **f)** CB .

18   Lineare Gleichungssysteme

18.1   Formulierung Linearer Gleichungssysteme

1. In einem Elektounternehmen wird ein elektronisches Bauteil aus 10 Transistoren, 2 Verstärkern, 2 Kondensatoren und einem Entzerrer montiert. Der Verstärker wird seinerseits aus 2 Entzerrern und 4 Kondensatoren gebaut. Der Entzerrer setzt sich zusammen aus 2 Kondensatoren und 5 Transistoren. Für den Zeitraum von einem Monat liegt ein Auftragsbestand von 210 Bauteilen, 400 Verstärkern (als Ersatzteil) und 50 Kondensatoren vor.
Gesucht ist der Gesamtbedarf für alle Bauteile (B), Verstärker (V), Kondensatoren (K), Transistoren (T) und Entzerrer (E).
Formuliere ein Lineares Gleichungssystem zur Bestimmung der benötigten Mengen.

2. In einer Produktion werden drei Fertigprodukte A, B und C aus den Baugruppen D, E, F und den Einzelteilen G und H hergestellt. Die Baugruppen werden aus Einzelteilen G und H gefertigt. Die mengenmäßigen Verknüpfungen sind in dem folgenden Gozinto-Graph dargestellt. Es sollen 500 Stück A, 200 Stück B, 300 Stück C und 100 Stück F produziert werden.
Wieviel Einzelteile G und H und Baugruppen D, E und F werden dafür benötigt? (Die Lösung ist über ein Lineares Gleichungssystem zu bestimmen.)

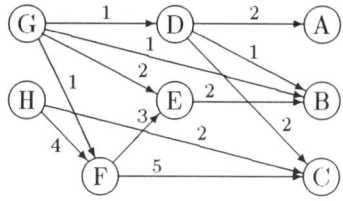

3. Der Bauer B. verkauft nebenher quadratische Tischplatten, die mit Edelholzfurnier beschichtet sind. Für eine Tischplatte mit Seitenlänge x wird ein quadratisches Stück Furnier mit der Seitenlänge y benötigt. $1\,m^2$ Tischplatte ohne Furnier kostet EUR 30 und wiegt $1\,kg$; $1\,m^2$ Furnier kostet EUR 60 und wiegt $360\,g$. Eine fertige Platte kostet EUR 79,20 und wiegt $1\,kg$. Wie groß sind x und y?

4. Für die Herstellung eines Erzeugnissen nach den drei Produktionsverfahren A, B, C stehen drei Materialien R, S, T zur Verfügung. Der Materialverbrauch pro Einheit des Erzeugnisses ist, aufgeschlüsselt nach den einzelnen Produktionsverfahren in der folgenden Tabelle aufgeführt.

	R	S	T
A	1	3	2
B	2	1	5
C	3	4	2

Der Betrieb verfügt über die folgenden Materialvorräte: 25 ME von R, 25 ME von S, 50 ME von T.

Das Materiallager soll geräumt werden, da der Betrieb in Zukunft neuartiges Material verwenden will. Es soll ermittelt werden, wieviel Einheiten des Erzeugnisses (getrennt nach den Produktionsverfahren) mit dem noch vorhandenen Material hergestellt werden können.

    a) Formuliere den Lösungsansatz für das Problem als lineares Gleichungssystem.

    b) Gib das unter **a)** entwickelte Gleichungssystem in Matrizenschreibweise wieder.

5. Ein Apotheker hat aus den Bestandteilen Fett, Kamille und Zink eine Hautsalbe gemischt, die $32\,g$ wiegt. Leider weiß er die genauen Mengen der einzelnen Zutaten nicht mehr. Er erinnert sich aber, dass das Fett viermal so viel wog wie die Kamille. Seinem Helfer fällt ein, dass er das Zink nach der Kamille abgewogen hat und ein Gewichtstück von 2 Gramm zusätzlich auf die Waage legen musste. Wie lautet das lineare Gleichungssystem zur Bestimmung der Mengen? Wie lautet die Lösung?

6. Der Student Paul bekommt monatlich neben BAföG (Betrag x) einen festen Betrag y von seiner Tante als Studienbeihilfe. Außerdem hebt er monatlich einen festen Betrag z von seinem Sparbuch ab. 50% vom BAföG und 20% des Geldes von der Tante muss er für Miete in Höhe von EUR 240/Monat aufwenden. Für das Mensaessen und für Bücher gibt er EUR 180/Monat aus und muss dafür den Betrag, den er vom Sparbuch abhebt und 30% des BAföG aufwenden. Es verbleiben ihm noch EUR 330 für seine übrigen Ausgaben. Berechne die Beträge, die Paul aus BAföG, von der Tante und vom Sparbuch bekommt.

7. Die Summe der Ziffern einer 3-stelligen Zahl ist 14. Vertauscht man die erste und die letzte Ziffer dann erhält man eine um 297 größere Zahl. Die mittlere Ziffer ist gleich der Summe der ersten und letzten Ziffer. Bestimme die Zahl. (Es sei x die erste, y die zweite und z die dritte Ziffer.)

18.2   Lösung Linearer Gleichungssysteme

1. Löse folgendes Gleichungssystem durch vollständige Elimination:

$$x + \ y + 2z = 2$$
$$3x + 4y + 6z = 7$$
$$2x + 2y + 5z = 3\,.$$

2. Löse das Gleichungssytem

$$x + \ y - \ z = 1$$
$$3x + \ y - 2z = 1$$
$$2y + \ z = 10\,.$$

3. Der Chemiestudent Egon Knallgas hat einen neuen, papierähnlichen Stoff entwickelt, der den bekannten "Schwalben" bessere Flugeigenschaften verleihen soll. Leider ist der Stoff ein Zufallsprodukt aus den Zutaten Zellstoff, Leim und zwei geheimnisvollen Lösungen A und B (deren Zusammensetzung der Öffentlichkeit vor der Anmeldung beim Patentamt nicht bekanntgegeben werden darf), und Egon weiß die Mengen der einzelnen Bestandteile nicht mehr. Er hat nur noch einen Schmierzettel mit den folgenden Bemerkungen gefunden: Menge ergibt $100\,g$! Zellstoff zu Leim wie 5 zu 1! Lösungen A und B zu gleichen Teilen! Halb so viel Leim wie Lösung A nehmen! Wie kann man aus diesen Angaben die Mengen der einzelnen Zutaten errechnen?

4. Ein Teegroßhändler führt drei Sorten Tee: Darjeeling-, Ceylon- und Keniatee. Er hat zu Beginn der ersten Woche insgesamt 17 Tonnen Tee am Lager. Im Laufe der ersten Woche verkauft er die Hälfte seines Bestandes an Darjeeling, 1/4 seines Bestandes an Ceylontee und $3/8$ seines Bestandes an Keniatee, zusammen 7 Tonnen. In der Woche darauf verkauft er den gesamten Restbestand an Darjeelingtee und hat dann noch 5 Tonnen am Lager. Wie groß war die am Anfang der ersten Woche vorhandene Menge jeder Sorte? Formuliere das Problem als Lineares Gleichungssystem und bestimme die Lösung.

5. Löse das folgende Gleichungssystem durch vollständige Elimination.

$2x_1 + x_2 + 4x_3 = 5$

$2x_1 + 2x_2 + 4x_3 = 6$

$4x_1 + 2x_2 + 9x_3 = 9$.

6. Löse das folgende Gleichungssystem:

$$\begin{pmatrix} 1 & 1 & -4 \\ 2 & -1 & 7 \\ 3 & 1 & -2 \end{pmatrix} \begin{pmatrix} x \\ y \\ z \end{pmatrix} = \begin{pmatrix} -11 \\ 20 \\ -5 \end{pmatrix} .$$

7. Löse folgende Gleichungssysteme mit Hilfe des GAUSS'schen Algorithmus.

a) $2x + y + 5z = 7$ b) $5x + 2y + 3z = 5$

$ 2x + 5y + 2z = 5$ $ 10x + 5y + 6z = 13$

$ 4x + 2y + z = -4$; $ 15x + 6y + 9z = 12$.

8. Der Psychotherapeut U. Nehrlich betreut Protestierer (P), Chaoten (C), Bummelanten (B) und Rechtschaffene (R). Auf die Frage des Journalisten Klaus-Heinrich Kraxdorf, wieviel der von ihm betreuten 120 Studenten auf die einzelnen Gruppen entfallen, antwortet Herr Nehrlich verschmitzt:
   – dass es 50% mehr Rechtschaffene als Protestierer gibt;
   – dass Bummelanten und Chaoten zusammen gerade die Differenz zwischen Rechtschaffenen und Protestierern ergeben;
   – dass es dreimal so viel Bummelanten wie Chaoten gibt.
   Ermittle die richtigen Anzahlen für P, C, B und R.

9. Welche der Aussagen über lineare Gleichungssysteme sind wahr?

   a) Ein lineares Gleichungssystem mit n Gleichungen in n Variablen ist immer lösbar.

   b) Wenn ein lineares Gleichungssystem mit n Gleichungen in n Variablen lösbar ist, dann auch eindeutig.

   c) Es gibt ein lineares Gleichungssystem, das genau zwei verschiedene Lösungen hat.

   d) Ein Gleichungssystem, das mehr Gleichungen als Variablen hat, ist nicht lösbar.

   e) Die Lösungen eines Gleichungssystems erfüllen alle Gleichungen des Systems. Werte, die nur eine Gleichung nicht erfüllen, sind keine Lösungen.

10. Gegeben ist das Gleichungssystem $x + 2y - z = 1$
$$x - 2y + z = 3$$
für die reellen Variablen x, y und z. Bestimme die allgemeine Lösung des Systems.

18.3 Bestimmung der Inversen einer Matrix

1. Bestimme die Inverse der Matrix:
$$A = \begin{pmatrix} 4 & 0 & 5 \\ 0 & 1 & -6 \\ 3 & 0 & 4 \end{pmatrix}.$$

2. Bestimme die Inverse der Matrix
$$A = \begin{pmatrix} 1 & 3 & 2 \\ 2 & 5 & 3 \\ -3 & -8 & -4 \end{pmatrix}.$$

3. Bestimme die Inverse der Matrix
$$A = \begin{pmatrix} 1 & 11 & -35 \\ 1 & 12 & -38 \\ -4 & -47 & 150 \end{pmatrix}.$$

4. Gegeben ist das Gleichungssystem: $x_1 + 2x_2 + 4x_3 = 24$
$$x_2 + 2x_3 = 11$$
$$x_1 + 2x_2 + 5x_3 = 28.$$

   a) Schreibe das Gleichungssystem in Matrizenform.

   b) Löse das Gleichungssystem mit Hilfe der Inversen der Koeffizientenmatrix.

18.4 Linear abhängige und unabhängige Vektoren

1. Prüfe, ob das folgende System von Vektoren linear unabhängig ist.

$$a_1 = \begin{pmatrix} 3 \\ 2 \\ 1 \\ 1 \\ 3 \end{pmatrix}, \ a_2 = \begin{pmatrix} 4 \\ 6 \\ 3 \\ 3 \\ 4 \end{pmatrix}, \ a_3 = \begin{pmatrix} 1 \\ 2 \\ 3 \\ 1 \\ 1 \end{pmatrix}, \ a_4 = \begin{pmatrix} 9 \\ 8 \\ 8 \\ 4 \\ 9 \end{pmatrix}, \ a_5 = \begin{pmatrix} 6 \\ 6 \\ 7 \\ 3 \\ 6 \end{pmatrix}.$$

2. Prüfe, ob die Vektoren $a'_1 = (1, 2, -1)$, $a'_2 = (-3, 4, 5)$ und $a'_3 = (-4, 2, 6)$ linear unabhängig sind.

18.5   Rang einer Matrix

1. Bestimme den Rang der Matrix.

$$C = \begin{pmatrix} 1 & 1 & 0 & 2 \\ 4 & 0 & 1 & 3 \\ 6 & 2 & 1 & 7 \\ 1 & 0 & 0 & 1 \end{pmatrix}.$$

2. Kriterien für die Lösbarkeit eines linearen Gleichungssystems $Ax = b$ von m Gleichungen in n Unbekannten ($m > n$) lassen sich bekanntlich über den Rang der Koeffizientenmatrix (rang(A)) und den Rang der erweiterten Koeffizientenmatrix (rang($A \mid b$)) angeben. Kreuze in dem folgendem Tableau die richtigen Zuordnungen an.

	ein-deutig lösbar	mehr-deutig lösbar	nicht lösbar	Wider-spruch
rang(A) = rang($A \mid b$) = n				
rang(A) > rang($A \mid b$)				
n > rang(A) = rang($A \mid b$)				
rang($A \mid b$) > rang(A)				
m > rang(A) = rang($A \mid b$) = n				
rang($A \mid b$) = rang(A) > n				

19 Determinanten

19.1 Berechnung von Determinanten

1. Bestimme **a)** $\begin{vmatrix} 2 & 1 \\ 1 & 1 \end{vmatrix}$; **b)** $\begin{vmatrix} 5 & 7 \\ 2 & 4 \end{vmatrix}$; **c)** $\begin{vmatrix} 3 & 8 \\ 7 & 6 \end{vmatrix}$; **d)** $\begin{vmatrix} -1 & 5 \\ -3 & 2 \end{vmatrix}$.

2. Bestimme die adjungierte Matrix zu $A = \begin{pmatrix} 1 & 3 & -1 \\ 2 & 2 & -1 \\ 2 & 1 & -1 \end{pmatrix}$.

3. Bestimme **a)** $\begin{vmatrix} 2 & 3 & 4 \\ 1 & 5 & 0 \\ 6 & 1 & 2 \end{vmatrix}$; **b)** $\begin{vmatrix} 7 & 4 & 1 \\ 2 & 1 & 3 \\ 2 & 1 & 1 \end{vmatrix}$; **c)** $\begin{vmatrix} -1 & 2 & 1 \\ -3 & 5 & 4 \\ 2 & 1 & 2 \end{vmatrix}$.

4. Bestimme die adjungierte Matrix zu $B = \begin{pmatrix} 2 & 4 \\ 3 & 1 \end{pmatrix}$.

5. Bestimme die Determinante $|A| = \begin{vmatrix} 1 & 0 & 0 & -3 \\ 1 & -1 & 2 & 2 \\ -1 & -1 & 0 & 1 \\ 2 & 0 & 0 & 3 \end{vmatrix}$

unter Verwendung der Entwicklungssatzes von LAPLACE.

6. Bestimme $\begin{vmatrix} 3 & 2 & 0 & 2 \\ 0 & 2 & 0 & 1 \\ 1 & 4 & 2 & 8 \\ 0 & 1 & 0 & 2 \end{vmatrix}$.

7. Berechne die Determinanten der Matrizen

$$A = \begin{pmatrix} 2 & 2 & 2 & 1 \\ 1 & 1 & 0 & 0 \\ 0 & 0 & -1 & 1 \\ 0 & 2 & 1 & 0 \end{pmatrix} ; \qquad B = \begin{pmatrix} 2 & 6 & 3 & 9 \\ 7 & 8 & 7 & 8 \\ 7 & 4 & 11 & 8 \\ 2 & 2 & 7 & 9 \end{pmatrix} .$$

8. Berechne die Determinanten der Matrizen

$$A = \begin{pmatrix} 1 & 5 & -1 & 0 \\ 2 & -6 & 2 & 4 \\ -3 & 4 & 3 & 0 \\ 0 & 8 & 5 & 5 \end{pmatrix} \quad ; \quad B = \begin{pmatrix} 1 & 3 & 0 & 4 \\ 0 & 2 & 3 & 0 \\ 2 & -1 & 2 & 1 \\ 0 & 0 & 2 & -1 \end{pmatrix}.$$

9. Berechne die Determinante

$$D = \begin{vmatrix} 5 & 1 & 0 & 0 & 1 \\ 1 & 0 & 0 & 0 & 0 \\ -4 & -1 & 0 & 1 & 0 \\ 1 & 0 & 0 & 1 & 1 \\ 0 & 2 & 1 & 1 & 1 \end{vmatrix}.$$

10. Berechne: **a)** $\begin{vmatrix} 2 & 1 \\ 0 & 1 \end{vmatrix}$; **b)** $\begin{vmatrix} 3 & 1 & 0 \\ 0 & 3 & 1 \\ 1 & 0 & 3 \end{vmatrix}$; **c)** $\begin{vmatrix} 7 & 2 & -1 & 4 \\ 4 & 3 & -2 & 5 \\ 2 & 1 & -1 & 1 \\ -5 & -2 & 2 & -2 \end{vmatrix}$.

11. Berechne die Determinanten folgender Matrizen:

$$A = \begin{pmatrix} 3 & 3 & 1 & 4 \\ 0 & 2 & 0 & 0 \\ 2 & 7 & 0 & 1 \\ 3 & 9 & 2 & -1 \end{pmatrix} \quad ; \quad B = \begin{pmatrix} 3 & 0 & 2 & 3 \\ 3 & 2 & 7 & 9 \\ 1 & 0 & 0 & 2 \\ 4 & 0 & 1 & -1 \end{pmatrix} ;$$

$$C = \begin{pmatrix} 3 & 3 & 1 & 4 \\ 0 & 2 & 0 & 0 \\ 4 & 14 & 0 & 2 \\ 3 & 9 & 2 & -1 \end{pmatrix} \quad ; \quad D = \begin{pmatrix} 6 & 6 & 2 & 8 \\ 0 & 4 & 0 & 0 \\ 4 & 14 & 0 & 2 \\ 6 & 18 & 4 & -2 \end{pmatrix}.$$

12. Gegeben ist die Determinante

$$D = \begin{vmatrix} 2a_1 & 2a_2 & 2a_3 \\ 3b_1 & 3b_2 & 3b_3 \\ 4c_1 & 4c_2 & 4c_3 \end{vmatrix} \quad \text{mit } a_i, b_i, c_i \in \mathbb{R} \setminus \{0\}, \ i = 1, 2, 3.$$

Mit welcher der folgenden Determinanten stimmt D überein?

a) $\begin{vmatrix} a_1 & a_2 & a_3 \\ 3/2b_1 & 3/2b_2 & 3/2b_3 \\ 2c_1 & 2c_2 & 2c_3 \end{vmatrix}$; **b)** $24 \cdot \begin{vmatrix} a_1 & a_2 & a_3 \\ b_1 & b_2 & b_3 \\ c_1 & c_2 & c_3 \end{vmatrix}$;

c) $2^3 \cdot \begin{vmatrix} a_1 & a_2 & a_3 \\ 3b_1 & 3b_2 & 3b_3 \\ 4c_1 & 4c_2 & 4c_3 \end{vmatrix}$; **d)** $\begin{vmatrix} 2a_1 & 3b_1 & 4c_1 \\ 2a_2 & 3b_2 & 4c_2 \\ 2a_3 & 3b_3 & 4c_3 \end{vmatrix}$;

e) $\begin{vmatrix} 2a_1 & 2a_2 & 2a_3 \\ 0 & 3b_2 & 3b_3 \\ 0 & 0 & 4c_3 \end{vmatrix} \quad \begin{vmatrix} 0 & 0 & 0 \\ 3b_1 & 0 & 0 \\ 4c_1 & 4c_2 & 0 \end{vmatrix}.$

13. Berechne die Determinante

$$D = \begin{vmatrix} 1 & 2 & 0 & -3 & 2 \\ 0 & 1 & 3 & 0 & 0 \\ -1 & -2 & 3 & 0 & 0 \\ 0 & 0 & 0 & 3 & 1 \\ 2 & 4 & 0 & -6 & 0 \end{vmatrix}.$$

14. Bestimme:

$$\begin{vmatrix} 5 & 6 & 7 & -3 & 2 \\ 0 & 4 & 1 & 3 & 8 \\ 0 & 0 & -2 & 0 & 1 \\ 0 & 0 & 0 & 3 & -2 \\ 0 & 0 & 0 & 6 & 3 \end{vmatrix}.$$

19.2 CRAMERsche Regel und Inversenberechnung mit Determinanten

1. Berechne die Lösung des folgenden Gleichungssystems mit der CRAMERschen Regel.

$$\begin{aligned} x + 2y - z &= 0 \\ 2x + 5y + 2z &= 14 \\ y - 3z &= -7 \end{aligned}$$

2. Läßt sich das folgende Gleichungssystem mit der CRAMERschen Regel lösen?

$$\begin{aligned} 3x + 2y - 4z &= 1 \\ -4x + y + 2z &= -2 \\ x + 8y - 8z &= -1 \end{aligned}$$

3. Löse folgendes Gleichungssystem mit der CRAMERschen Regel:

$$\begin{aligned} 5x - 4y + 8z &= 15 \\ 2x + y - 4z &= 4 \\ x - y + 3z &= 4 \end{aligned}$$

4. Bestimme zu der Matrix $A = \begin{pmatrix} 3 & 1 & 2 \\ 0 & 2 & 1 \\ 2 & 0 & 0 \end{pmatrix}$

a) die adjungierte Matrix; b) die Inverse.

5. Bestimme im Fall der Existenz die Inverse der Matrix A mit Hilfe der adjungierten Matrix.

$$A = \begin{pmatrix} 2 & 0 & -4 \\ -1 & 3 & 1 \\ 2 & 5 & 0 \end{pmatrix}.$$

6. Bestimme im Fall der Existenz die Inverse der Matrizen A und B mit Hilfe der adjungierten Matrix.

$$A = \begin{pmatrix} 1 & 1 & 1 \\ 2 & 2 & 0 \\ 0 & 2 & -1 \end{pmatrix} \ ; \quad B = \begin{pmatrix} 1 & 7 & 2 \\ 1 & 1 & 0 \\ -2 & 1 & 1 \end{pmatrix} .$$

7. Zur Lösung von linearen Gleichungssystemen $Ax = b$ gibt es verschiedene Lösungsverfahren, die zum Teil nur unter bestimmten Voraussetzungen anwendbar sind. Gib zu den nachfolgenden Verfahren an, welche Voraussetzungen erfüllt sein müssen.

Lösung mit: Inverse der Koeffizienten-Matrix, vollständige Elimination, GAUSS'scher Algorithmus, CRAMERsche Regel.

8. Bestimme die Inversen der Matrizen

$$A = \begin{pmatrix} -2 & -4 \\ 1 & 3 \end{pmatrix} \ ; \quad B = \begin{pmatrix} -2 & 1 \\ 4 & -2 \end{pmatrix} .$$

20 Lineare Optimierung

20.1 Lineare Ungleichungssysteme

1. Gib die Ungleichungen an, die die unten gezeichnete Fläche eindeutig bestimmen.

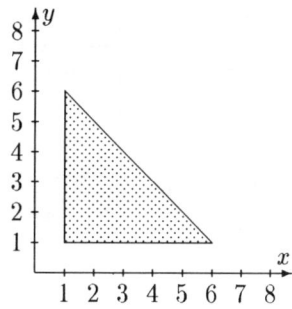

2. Durch welche Ungleichungen läßt sich der schraffierte Bereich im folgenden Koordinatensystem beschreiben?

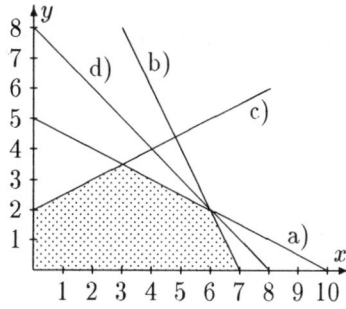

3. Kennzeichne in dem folgenden Koordinatensystem das durch die folgende Ungleichung beschriebene Flächenstück!

(1) $2y + x \geq 0$;   (2) $y + 2x \leq 6$;   (3) $2y - x \leq 2$.

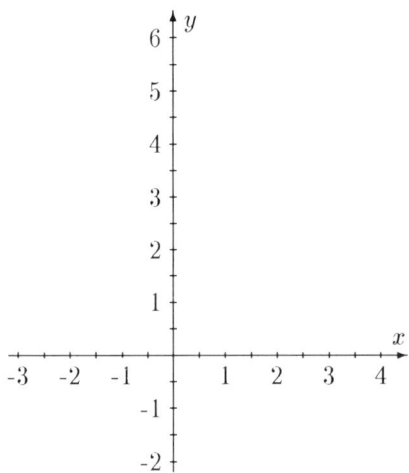

4. Gegeben seien die Ungleichungen:

(1) $x \leq 6$;   (2) $x \geq 0$;   (3) $y \geq 0$;

(4) $y \leq 0{,}5x + 4$;   (5) $y \geq x - 2$;   (6) $y \leq -0{,}5x + 7$.

a) Zeichne in das folgende Diagramm das Flächenstück ein, dass alle 6 Ungleichungen erfüllt.

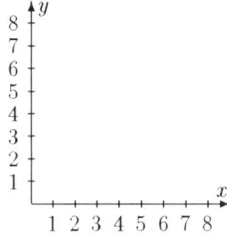

b) Bestimme graphisch den Punkt des maximalen Wertes der Funktion $f(x, y) = 2{,}5y + x$ unter Berücksichtigung obiger Ungleichungen. Gib die Koordinaten des Punktes an.

20.2 Graphische Lösung einer linearen Optimierungsaufgabe

1. Eine Unternehmung produziert zwei Güter in den Mengen x_1 und x_2. Die Herstellung erfolgt so, dass jedes Stück auf den beiden Maschinen A und B bearbeitet wird. Für die Bearbeitungszeit je Stück ergeben sich folgende Werte:

	Gut 1	Gut 2
Bearbeitungszeit A	15 min.	30 min.
Bearbeitungszeit B	30 min.	15 min.

Die wöchentliche Arbeitszeit beträgt 40 Stunden (=2400 Minuten). Der Stückgewinn für Gut 1 beträgt 3 EUR/Stück und für das 2. Gut 4 EUR/Stück. Aus technischen Gründen muss die Maschine A mindestens 20 Stunden pro Woche in Betrieb sein. Weiter muss aus Gründen der Wirtschaftlichkeit die Produktion von Gut 1 mindestens 40 Stück pro Woche betragen.

a) Beschreibe die in einer Woche produzierbaren Mengenkombinationen analytisch durch ein System von Ungleichungen.

b) Stelle die in einer Woche produzierbaren Mengenkombinationen graphisch dar.

c) Gib an, welche Stückzahlen von Gut 1 und Gut 2 produziert werden müssen, um ein Gewinnmaximum zu erzielen.

2. Löse das folgende Problem der linearen Optimierung graphisch.

$$\max\left\{ G = 12x_1 + 15x_2 \Big/ \begin{pmatrix} 15 & 20 \\ 20 & 10 \end{pmatrix} \begin{pmatrix} x_1 \\ x_2 \end{pmatrix} \leq \begin{pmatrix} 6.000 \\ 4.000 \end{pmatrix} ; x_1, x_2 \geq 0 \right\}$$

3. Gesucht ist das Maximum von $G = g_1 x_1 + g_2 x_2 = 8x_1 + 2x_2$ unter Berücksichtigung der Beschränkungen:

(I) $2x_1 + x_2 \leq 10$;   (II) $x_1 + 3x_2 \leq 15$;
(III) $3x_1 + 2x_2 \leq 20$;   (IV) $x_1 \geq 0, x_2 \geq 0$.

a) Bestimme das Maximum graphisch.

b) Wieweit kann g_2 verändert werden, ohne dass sich die Optimallösung verändert?

c) Gibt es überflüssige Beschränkungen? (Falls ja: welche?)

4. Löse das folgende Problem der linearen Optimierung graphisch:

$$\max\left\{ G = 8x_1 + 16x_2 \Big/ \begin{pmatrix} 1 & 1 \\ 1 & 2 \\ 1 & 3 \end{pmatrix} \begin{pmatrix} x_1 \\ x_2 \end{pmatrix} \leq \begin{pmatrix} 12 \\ 14 \\ 18 \end{pmatrix} ; x_1, x_2 \geq 0 \right\}$$

5. Es existieren nur 2 Produkte X und Y auf dem Markt. Aus produktionstechnischen Gründen können höchstens 40 Stück X und 90 Stück Y hergestellt werden. Andererseits reicht die Kaufkraft höchstens zum Kauf von 50 Stück X oder 100 Stück Y (Preisverhältnis $p_x = 2p_y$). Schließlich muss zu je 2 Stück Y mindestens 1 Stück X gekauft werden.

   a) Welche Mengen x, y sind für die Käufer optimal, wenn ihr Nutzen $N = 1{,}5y + x$ beträgt? (Lösung zeichnerisch)

   b) Um wieviel Prozent ist die Ausdehnung der Kaufkraft ohne Änderung der anderen Bedingungen sinnvoll und welches ist dann die optimale Mengenkombination von x und y?

6. Gesucht ist das Minimum der Funktion $z = 0{,}6x + y$ unter Berücksichtigung der Beschränkungen:

   (1) $y + x \geq 4$;   (2) $y + 0{,}5x \geq 3$;   (3) $y + 0{,}875x \leq 7$.

   a) Zeichne den Bereich der zulässigen Lösungen.

   b) Bestimme graphisch das Minimum von z .

20.3   Formulierung von Ansätzen zur Linearen Optimierung

1. Der Bauernsohn Paul, der Wirtschaftswissenschaften studiert hat, will seinen Vater beim Einkauf von Ziegen, Enten und Kühen helfen. Eine Ente kostet EUR 20, eine Ziege EUR 200, eine Kuh EUR 1.000. Der Vater erzielt EUR 10 Gewinn pro Ente, 15 EUR pro Ziege und EUR 500 pro Kuh, aber er kann insgesamt nur EUR 6.000 ausgeben. Der Bauer hat 5.000 m^2 Land und er weiß, dass eine Ziege $10 m^2$, eine Kuh $100 m^2$ und eine Ente $2 m^2$ Land braucht. Er will höchstens 10 Ziegen haben (wegen des Gestanks). Formuliere einen Ansatz der Linearen Optimierung zur Bestimmung der gewinnmaximalen Viehmengen.

2. Eine Unternehmung produziert zwei Güter in den Mengen x_1 und x_2 . Für die Produktion werden die Maschinen A , B und C eingesetzt, wobei folgende Bearbeitungszeiten pro Stück anfallen:

	A	B	C
Gut 1	$2\,h$	$2\,h$	$1\,h$
Gut 2	$1\,h$	$2\,h$	$3\,h$

Die wöchentliche Arbeitszeit beträgt 40 Stunden. Für die beiden Güter ergeben sich als Stückgewinne 6 EUR/Stück bzw. 4 EUR/Stück.

Es soll das gewinnmaximale Produktionsprogramm bestimmt werden.

a) Formuliere den LO-Ansatz.

b) Eine Kapazitätsbeschränkung ist überflüssig. Welche ist das?

3. Eine Unternehmung produziert zwei Güter in den Mengen x_1 und x_2 pro Monat, wobei Stückgewinne von $g_1 = 12$ und $g_2 = 8$ erzielt werden. Von dem zweiten Gut sollen wenigstens 200 Stück/Monat produziert werden. Für die Produktion ist ein Kapitaleinsatz von EUR 50/Stück beim ersten und von EUR 60/Stück beim zweiten Gut erforderlich. Im Monat kann maximal ein Kapital von EUR 30.000 eingesetzt werden. Auf Maschine A mit einer Kapazität von 150 h/Monat wird für das erste Gut eine und für das zweite Gut zwei Stunden Bearbeitungszeit je Stück benötigt. Maschine B hat eine Monatskapazität von 180 h. Die Bearbeitungszeiten betragen 1,5 h/Stück und 1 h/Stück.
Formuliere einen Ansatz zur Bestimmung eines gewinnmaximalen Produktionsprogramms. Prüfe, ob das Problem überhaupt lösbar ist (Begründung!).

20.4 Simplex-Methode

1. Jede Seite eines Skripts in "Statistik" oder "Mathematik" für Wirtschaftswissenschaftler muss erdacht und geschrieben werden. Für das Statistik-Skript sind pro Seite zwei Stunden Denk- und eine Stunde Schreibarbeit, für des Mathe-Skript pro Seite eine Stunde Denk- und eineinhalb Stunden Schreibarbeit nötig. Für beide Skripten zusammen dürfen höchstens 200 Stunden gedacht und höchstens 150 Stunden geschrieben werden.
Der Gewinn beträgt beim Statistik-Skript 2 EUR/Seite und beim Mathe-Skript 1,50 EUR/Seite. Der Absatz ist für beide Skripten gesichert. Wieviel Seiten sollten die Skripten haben, damit der Gewinn maximal wird?

a) Formuliere die Aufgabe als Problem der Linearen Optimierung.

b) Löse das LO-Problem mit Hilfe des Simplex-Algorithmus.

2. Löse mit Hilfe des Simplex-Algorithmus das folgende LO-Problem: Bestimme das Maximum der Funktion $g = 10x_1 + 20x_2$ unter den Nebenbedingungen

$3x_1 + 4x_2 \leq 24; \quad x_1 + 4x_2 \leq 16; \quad 2x_1 + x_2 \leq 12; \quad x_1 \geq 0; \, x_2 \geq 0$.

3. Zur Herstellung zwei verschiedener Produkte, die in den Mengen x_1 und x_2 abgesetzt werden sollen, verwendet ein Betrieb die Produktionsfaktoren A, B und C. Von A stehen ihm 20, von B 12 und von C 16 Einheiten zur Verfügung. Die Inanspruchnahme der Produktionsfaktoren A, B, C für je eine Einheit der beiden Güter ist der folgenden Tabelle zu entnehmen:

	Gut 1	Gut 2
Faktor A	2	4
Faktor B	2	2
Faktor C	4	0

Die Stückgewinne der Produkte sind bekannt und belaufen sich auf 2 (GE) bei Gut 1 und 3 (GE) bei Gut 2.
Berechne das gewinnmaximale Produktionsprogramm und den Gewinnbetrag im Optimum mit Hilfe der Simplexmethode.

4. Gegeben ist folgendes LO-Problem: Zwei Produkte werden auf drei Maschinen hergestellt. Aufgrund von Kapazitätsbeschränkungen der drei Maschinen $M1$, $M2$ und $M3$ ergeben sich für die produzierbaren Mengen x_1 und x_2 der beiden Produkte X_1 und X_2 folgende Ungleichungen:
$M1: 3x_1 + x_2 \leq 200$; $M2: x_1 + x_2 \leq 120$; $M3: x_1 + 3x_2 \leq 240$.
Die Gewinnfunktion $G = 2x_1 + 3x_2$ ist zu maximieren.
Als Endtableau des Simplex-Algorithmus ergibt sich:

x_1	x_2	y_1	y_2	y_3	G	
0	0	1	-2,5	0,5	0	20
1	0	0	1,5	-0,5	0	60
0	1	0	-0,5	0,5	1	60
0	0	0	1,5	0,5	1	300

Welche der folgenden Aussagen sind wahr?
a) Maschine $M1$ ist voll ausgelastet.
b) Maschine $M2$ ist nicht voll ausgelastet.
c) Die Optimallösung für die Produktionsmengen lautet:
$x_1 = 20$, $x_2 = 60$.
d) Der Gewinn im Optimum beträgt 300 Geldeinheiten.
e) Erhöht man die Kapazität von $M3$ um 1 Einheit, so steigt der Gewinn um 0,5 Einheiten.

f) Erniedrigt man die Kapazität von $M1$ um 1 Einheit, so steigt der Gewinn um 20 Einheiten.

g) Erhöht man die Kapazität von $M2$ um 1 Einheit, so steigt die Produktion von X_2 um 1,5 Einheiten.

h) Erhöht man die Kapazität von $M2$ um 1 Einheit, so sinkt die Produktion von X_2 um 0,5 Einheiten.

i) Erniedrigt man die Kapazität von $M3$ um 2 Einheiten, so steigt die Produktion von X_1 um 1 Einheit.

k) Keine der vorstehenden Aussagen ist wahr.

5. Im folgenden sind die Tableaus bei der Durchführung des Simplex-Algorithmus des LO-Problems

$$\max_{x} \{ G = g'x / Ax \leq b \,;\, x \geq 0 \}$$

angegeben, wobei $g' = (2, 4, 2, 6, 4)$ ist.

x_1	x_2	x_3	x_4	x_5	y_1	y_2	y_3	G	b
4	2	0	2	2	1	0	0	0	200
0	2	2	2	0	0	1	0	0	100
4	4	4	2	2	0	0	1	0	160
-2	-4	-2	-6	-4	0	0	0	1	0
4	0	-2	0	2	1	-1	0	0	100
0	1	1	1	0	0	0,5	0	0	50
4	2	2	0	2	0	-1	1	0	60
-2	2	4	0	-4	0	3	0	1	300
0	-2	-4	0	0	1	0	-1	0	40
0	1	1	1	0	0	0,5	0	0	50
2	1	1	0	1	0	-0,5	0,5	0	30
6	6	8	0	0	0	1	2	1	420

a) Gib die vollständige Optimallösung an.

b) Wie ändert sich das Programm im Optimum, wenn die Beschränkung b_2 von ursprünglich 100 auf den Wert 110 erhöht wird?

c) Angenommen, b_2 könnte erhöht werden. Welcher maximale Gewinn ließe sich dann erzielen?

6. Ein Geflügelfarmer züchtet Hühner, Enten und Truthähne. Er hat
   Raum für 500 Tiere, will aber nicht mehr als 300 Enten auf der Farm
   haben. Die Aufzucht eines Huhns kostet 1,50 EUR, einer Ente 1,00
   EUR und eines Truthahns 4,00 EUR. Die Verkaufspreise sind 3,00
   EUR, 2,00 EUR bzw. 5,00 EUR pro Huhn, Ente bzw. Truthahn.
   Wieviel Tiere jeder Sorte soll der Farmer halten, um seinen Gewinn
   zu maximieren?

7. Eine kleine Metallwarenfabrik stellt 3 Arten von Bohrern B_1, B_2
   und B_3 her. Diese Bohrer werden unter anderem auf 2 hochemp-
   findlichen Präzisionsmaschinen bearbeitet. Die Bearbeitungszeiten
   sind in der folgenden Tabelle zusammengestellt:

Maschine Bohrer	M_1	M_2
B_1	2	0
B_2	4	4
B_3	1	5

(Zeitangaben in Sekunden)

Die Maschine M_1 darf am Tag höchstens 1.000 Sekunden, die Ma-
schine M_2 höchstens 2.100 Sekunden in Betrieb sein.
Aus Absatzgründen sollen vom Bohrer B_1 nicht mehr als 50 Stück
am Tag gefertigt werden.
Der Gewinn beträgt für einen Bohrer B_1 2 Geldeinheiten (GE),
für einen Bohrer B_2 3 GE und für einen Bohrer B_3 1 GE.
Das gewinnmaximale Produktionsprogramm wurde mit Hilfe der
Simplexmethode errechnet.
Es ergab sich das folgende Endtableau:
(Die Variablen x_i bezeichnen die hergestellten Mengen von Bohrer
B_i, die Variablen y_1 und y_2 sind die Schlupfvariablen für die Ma-
schinen M_1 und M_2, die Variable y_3 ist die Schlupfvariable für
die Absatzbeschränkung.)

x_1	x_2	x_3	y_1	y_2	y_3	G	
0	1	0	0,31	-0,06	-0,625	0	150
0	0	1	-0,25	0,25	0,5	0	300
1	0	0	0	0	1	0	50
0	0	0	0,69	0,06	0,63	1	850

a) Gib das gewinnmaximale Produktionsprogramm an.

b) Sind die Maschinen M_1 und M_2 voll ausgelastet?

c) Wie ändert sich das optimale Produktionsprogramm und der
   Gewinn, wenn die Absatzbeschränkung für Bohrer B_1 auf 58
   Stück/Tag erhöht wird?

8. Als Endtableau bei Anwendung des Simplex-Algorithmus ergibt sich für das Problem aus Aufgabe 2 in Abschnitt 20.3:

x_1	x_2	y_1	y_2	y_3	G	
1	0	1	-0,5	0	0	20
0	1	-1	1	0	0	0
0	0	2	-2,5	1	0	20
0	0	2	1	0	1	120

a) Welche Anlagen sind bei der Optimallösung voll ausgelastet?

b) Um wieviel erhöht sich der Gewinn der Optimallösung, wenn man Anlage B eine Stunde pro Woche länger einsetzt?

20.5 Minimierungsaufgaben und Dualtheorem

1. Ein Jahrmarktsbudenbesitzer benötigt für seinen Stand, an dem man mit Tischtennisbällen in verschiedene Gefäße werfen kann, täglich mindestens 10 Glasschüsseln mit einem Durchmesser von 10 *cm* (Sorte 1), 40 Glasschüsseln mit einem Durchmesser von 15 *cm* (Sorte 2) und 100 Glasschüsseln mit einem Durchmesser von 18 *cm* (Sorte 3). Er kann die Schüsseln bei 3 verschiedenen Großhändlern kaufen, die allerdings alle die Schüsseln nicht einzeln, sondern nur in Packungen, d.h. verschiedene Zusammenstellungen der 3 Sorten, anbieten.

Beim Großhändler 1 besteht eine Packung aus 2 Schüsseln der Sorte 1, 5 Schüsseln der Sorte 2 und 20 Schüsseln der Sorte 3 und kostet 10 EUR. Beim Großhändler 2 besteht eine Packung aus 4 Schüsseln der Sorte 1, 4 Schüsseln der Sorte 2 und 4 Schüsseln der Sorte 3 und kostet 12 EUR. Beim Großhändler 3 besteht eine Packung aus 10 Schüsseln der Sorte 2 und 10 Schüsseln der Sorte 3 und kostet 15 EUR. Sorte 1 ist bei ihm nicht erhältlich. Formuliere einen Ansatz um zu bestimmen, wieviel Packungen der Budenbesitzer täglich von jedem Händler beziehen soll, um seinen Bedarf möglichst billig zu decken?

2. Bestimme das Minimum der Funktion $K = 200y_1 + 120y_2 + 240y_3$ unter den Nebenbedingungen

$$2y_1 + y_2 + \quad y_3 \geq 20$$
$$y_1 + y_2 + 3y_3 \geq 30$$
$$y_1 \geq 0 \,; \quad y_2 \geq 0 \,; \quad y_3 \geq 0$$

3. Gegeben ist das Endtableau bei der Durchführung des Simplex-Algorithmus des folgenden LO-Problems:

$$\min_{x}\left\{K = x_1 + x_2 + x_3 \Big/ \begin{pmatrix} 4 & 2 & 1 \\ 1 & 8 & 2 \end{pmatrix} \begin{pmatrix} x_1 \\ x_2 \\ x_3 \end{pmatrix} \geq \begin{pmatrix} 320 \\ 150 \end{pmatrix}; \; x_1; \; x_2; \; x_3 \geq 0 \right\}$$

y_1	y_2	x_1	x_2	x_3	G	
1	0	$\frac{4}{15}$	$\frac{-1}{30}$	0	0	$\frac{1}{5}$
0	1	$\frac{-1}{15}$	$\frac{2}{15}$	0	0	$\frac{1}{5}$
0	0	$\frac{89}{420}$	$\frac{-8}{105}$	1	0	$\frac{89}{140}$
0	0	$75\frac{1}{3}$	$9\frac{1}{3}$	0	1	94

a) Gib die vollständige Optimallösung an.

b) Wie ändert sich der Wert der Zielfunktion, wenn das absolute Glied der 2. Beschränkung um 1 Einheit verringert wird?

4. Der Küchenchef der Mensa will für Samstag als Stammessen Buletten, Kartoffeln und Hülsenfrüchte auf die Speisekarte setzen. Ein Essen muss mindestens 120 *g* Fett, 120 *g* Eiweiß, 200 *g* Kohlehydrate und 5.000 Joule enthalten und möglichst preiswert sein. Die folgende Tabelle gibt an, wieviel Fett, Eiweiß, Kohlehydrate und Joule 1 *kg* Buletten, Kartoffeln und Hülsenfrüchte enthalten und wie hoch die Kosten je *kg* sind.

	Buletten	Kartoffeln	Hülsenfrüchte
Fett	220	0	100
Eiweiß	200	100	500
Kohlehydrate	300	400	400
Joule	10.000	2.800	5.500
Kosten je *kg*	4 EUR	0,8 EUR	3 EUR

Das Essen soll so zusammengestellt werden, dass die Kosten minimal werden.

a) Formuliere das Problem durch ein System von Gleichungen und Ungleichungen.

b) Stelle das Anfangstableau zur Lösung des Problems mit dem Simplex-Algorithmus auf und kennzeichne das Pivot-Element für die erste Iteration.

21 Transportproblem

1. Gegeben ist folgendes Transportproblem:

		Empfänger			
	E1	E2	E3	E4	
V1	2	5	4	5	60
Versender V2	1	2	1	4	80
V3	3	1	5	2	60
	50	40	70	40	

a) Bestimme eine Ausgangsbasislösung mit Hilfe der Nord-West-Ecken-Regel.

b) Berechne eine optimale Lösung.

2. Der Viehändler B. Tuppen hat bei drei Bauern im Land G. genau die 70 Bullen aufgekauft, für die er Aufträge von vier Schlachthöfen vorliegen hat. Beim Bauern O. Berschlau hat er 20 Tiere, beim Bauern B. Trogen 35 Tiere und beim Bauern G. Rissen 15 Tiere gekauft.

Der Schlachthof 1 benötigt 10, der Schlachthof 2 benötigt 15, der Schlachthof 3 benötigt 20, und der Schlachthof 4 benötigt 25 Bullen. Die Transportkosten betragen pro Bulle zu den Schlachthöfen 1, 2, 3 bzw. 4:

vom Bauern O. Berschlau	50,	70,	20	bzw. 30 EUR;
vom Bauern B. Trogen	20,	50,	10	bzw. 40 EUR;
vom Bauern G. Rissen	30,	10,	10	bzw. 70 EUR .

Der Viehhändler überlegt nun wie er die Bullen am günstigsten zu den Schlachthöfen bringt. Bestimme dazu eine Ausgangsbasislösung nach der Nord-West-Ecken-Regel.

3. Das Organisationskomitee der Fußball-WM 82 in Spanien hatte in
Saragossa, Malaga und Valencia 3 zentrale Lager für Bälle eingerich-
tet. Von diesen Lagern aus sollen die Halbfinalspiele (in Barcelona
und Sevilla), das Spiel um den dritten Platz (in Alicante) und das
Spiel um den letzten Platz (Mannschaft mit den schlechtesten
schauspielerischen Qualitäten) zwischen Österreich und Deutschland
(in Madrid) mit Bällen versorgt werden. Bestand und benötigte
Mengen sowie die Einheitstransportkosten gehen aus der folgenden
Tabelle hervor. Gesucht ist ein kostenminimaler Transportplan.
Bestimme eine Ausgangsbasislösung nach der Vogelschen Approxi-
mationsmethode.

	Barcelona	Sevilla	Alicante	Madrid	
Saragossa	3	6	7	1	8
Malaga	1	7	6	2	16
Valencia	4	3	2	3	14
	5	6	7	12	

4. Die Großbäckerei "Gutbrot" in Brötchenstadt mit ihren Filialbe-
trieben in Kuchendorf, Plätzchenhausen und Tortenburg, die alle im
Regierungsbezirk Süßstadt liegen, hat täglich die 4 Zentralausliefe-
rungslager der Supermarktkette "Kauf-Ein" in diesem Regierungsbezirk zu beliefern, und zwar mit dem sehr begehrten "Gutbrot-
Zuckerkuchen". Die Zentrallager 1, 2, 3 und 4 benötigen täglich
100, 200, 150 bzw. 250 Stück. Die Filiale in Kuchendorf kann täglich
300, die in Plätzchenhausen 100, die in Tortenburg kann 50 und der
Hauptbetrieb 250 Stück liefern. Die Preise für die Lieferung von je
10 Stück sind in der folgenden Tabelle zusammengestellt:

Filiale/Lager	1	2	3	4
Brötchenstadt	5	2	10	6
Kuchendorf	1	10	5	3
Plätzchenhausen	10	2	2	10
Tortenburg	4	5	5	2

Gib eine Ausgangsbasislösung zur Lösung des Transportproblems
nach der Nord-West-Ecken-Regel an und stelle mit Hilfe der Methode der Potentiale fest, ob es sich bereits um die Optimallösung
handelt.

5. Gegeben ist folgendes Transportproblem:
Der bekannte Braunschweiger Jungunternehmer G. Luftikus hat sich dem Umweltschutz verschrieben und versorgt bereits vier Städte, in denen er Filialen betreibt, mit der sauberen Braunschweiger Luft. Um die Versorgung krisenfest zu machen, hat er drei Gasometer (gut getarnt) errichtet. Die folgenden Tabellen zeigen die aus den Städten angeforderten Mengen und die Bestände in den Gasometern sowie die entsprechenden Einheitstransportkosten.

Angeforderte Mengen (m^3): Berlin 300, Bochum 500, Bremen 600, Burgwindheim 200.

Bevorratete Mengen (m^3): Gasometer A 500, Gasometer B 800, Gasometer C 700.

Einheitstrans-portkosten:	Berlin	Bochum	Bremen	Burgwind-heim
von Gasometer A	50	80	50	90
von Gasometer B	50	30	80	40
von Gasometer C	70	50	100	20

Formuliere die Aufgabe zu transportkostenminimaler Versorgung der 4 Städte aus den Gasometern derart, dass sie mit Hilfe z.B. der Stepping-Stone-Methode gelöst werden könnte und gib eine Ausgangsbasislösung nach der Nord-West-Ecken-Regel an.

6. Das Leihwagenunternehmen EUROCRASH erhält überraschend mehrere Anforderungen nach dem Klein-LKW "Borriquito" aus vier Städten A_1, A_2, A_3 und A_4. Leider sind Borriquitos bisher nur in den Städten B_1 und B_2 vorhanden. Um sie zu den Bestimmungsorten zu bringen, fallen für das Unternehmen feste Kosten pro Kilometer an. Die folgende Tabelle enthält die Entfernungen der Städte untereinander und die Anzahlen der benötigten bzw. vorhandenen Borriquitos.

Standorte d. Borriquitos	Anforderungsorte für Borriquitos				Anzahl d. vorh. Borriquitos
	A_1	A_2	A_3	A_4	
B_1	60 km	10 km	50 km	10 km	20
B_2	20 km	80 km	20 km	50 km	10
benöt. Anzahl Borriquitos	5	5	15	5	

a) Gib die Ausgangsbasislösung nach der Nord-West-Ecken-Regel an und bestimme die Optimallösung.

b) Wie groß ist die Kosteneinsparung bei der Optimallösung in % gegenüber der Ausgangslösung nach der Nord-West-Ecken-Regel?

22 Graphentheorie

1. Gegeben ist ein ungerichteter Graph $G = (E, K, \varphi)$ durch:

$k_1 = \varphi(e_1, e_3)$ $\quad$ $k_5 = \varphi(e_3, e_5)$
$k_2 = \varphi(e_1, e_4)$ $\quad$ $k_6 = \varphi(e_6, e_7)$
$k_3 = \varphi(e_2, e_5)$ $\quad$ $k_7 = \varphi(e_4, e_6)$
$k_4 = \varphi(e_2, e_3)$ $\quad$ $k_8 = \varphi(e_1, e_6)$

a) Zeichne den Graphen.

b) Gib alle Knoten an, die den Grad 3 haben.

c) Gib einen Kantenzyklus an.

2. Gegeben ist der folgende Graph:

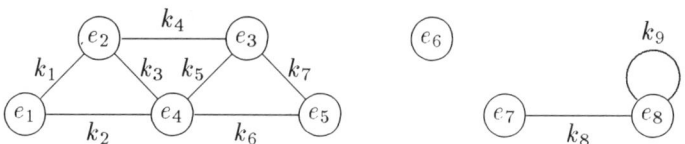

Gib die Knotengrade an und bestimme den Maximalgrad und den Minimalgrad des Graphen.

3. Gegeben ist der folgende Graph:

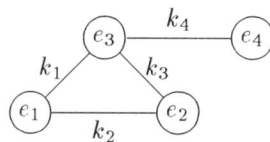

a) Gib alle Eulerschen Linien an.

b) Gib alle Hamiltonschen Linien an.

4. Gegeben ist der folgende Graph:

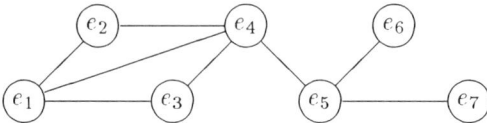

a) Gib die Artikulationspunkte an.

b) Gib alle Brücken an.

c) Wieviel Kanten muss man aus dem Graphen entfernen, um ein Gerüst zu erhalten?

5. a) In dem folgenden Graphen gibt es genau eine Pfeilweg von e_1 nach e_{11}. Welcher ist das?

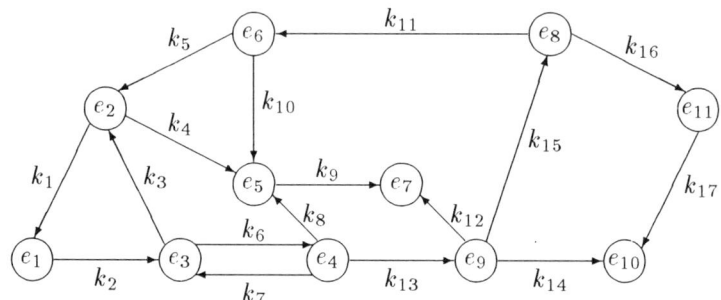

b) Gib die Quellen und Senken des Graphen an.

c) Für welche Knoten sind Eingangs- und Ausgangsgrad gleich?

6. Gib für den folgenden Graphen

a) den Maximalgrad;

b) alle Brücken;

c) eine Kantenfolge von e_1 nach e_7 an.

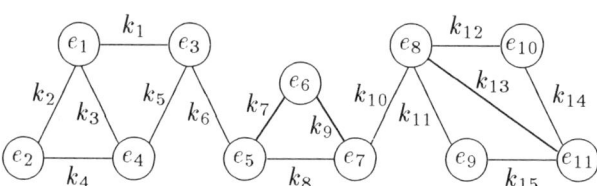

7. Hinsichtlich der Entscheidungsbefugnisse ist ein Betrieb wie folgt gegliedert.

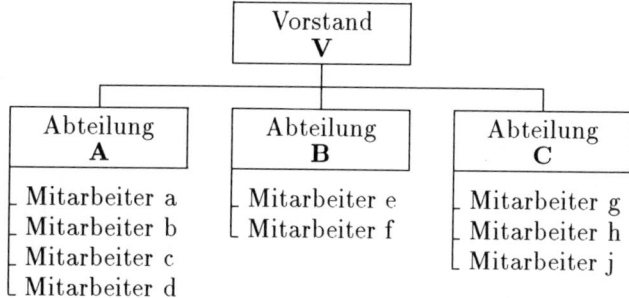

Direkte Kommunikation ist zwischen den Abteilungsleitern (A, B, C) und zwischen den Mitarbeitern jeder Abteilung möglich. Zeichne den Graphen für des Kommunikationssystem.

8. Ein Betrieb fertigt aus 4 Einzelteilen (A, B, C, D) 2 Baugruppen (E, F) und 2 Endprodukte (G, H). Für eine Baugruppe "E" werden 4 Stück A, 2 Stück C und 1 Stück D benötigt. Für eine Baugruppe "F" 2 Stück B und 3 Stück D. Für 1 Endprodukt "G" sind 2 Stück A und je 2 Baugruppen "E" und "F" erforderlich. Für 1 Endprodukt "H" benötigt man je 1 Stück C und D, 1 Baugruppe E und 2 Baugruppen "F". Zeichne den Gozintograph.

1 Wiederholungen zur Algebra

1. a) 59 ; **b)** 143 ; **c)** 0 ;

d) 127 ; **e)** 171 ;

f) $abd + cd - abde - cde + ab^2f + bcf$;

g) 0 ; **h)** $abd + cd - de - bdf$; **i)** $2^2 \cdot 3^{-1} = \frac{4}{3}$;

j) $2^4 = 16$; **k)** $\sqrt{36} = 6$; **l)** $\frac{1}{\sqrt{36}} = \frac{1}{6}$;

m) $a^6 b^{-4} c^{-1}$; **n)** 1 ; **o)** $a^{-n} b^{3n} c^{2r}$.

2. $ax + 3bx - 2ay - 6by = (x - 2y)(a + 3b)$.

3. $(3x^2 + 4xy^2 - 2x^2y - 12y^2) : (3x - 2xy + 6y) = x - 2y$;

4. $\dfrac{3a + b}{a^2 - b^2} + \dfrac{2a}{a - b} = \dfrac{3a + b + 2a^2 + 2ab}{a^2 - b^2}$.

5. a) $\dfrac{6xy^2 - 12xy^3}{9x^3y - 33x^2y^2} = \dfrac{2y - 4y^2}{3x^2 - 11xy}$; **b)** $\dfrac{x^2 - 2xy}{x^2 - 4y^2} = \dfrac{x}{x + 2y}$.

6. $\dfrac{\frac{x}{y} - \frac{y}{x}}{\frac{1}{x} + \frac{1}{y}} = x - y$.

2 Elementare Grundlagen

2.1 Zahlbegriffe

1. a, b, c, e, f .

2.2 Binomische Formeln

1. $18x^2y^2 + 8$

2. **a)** $102^2 = (100 + 2)^2 = 10.404$;

    b) $77^2 + 63^2 = (70 + 7)^2 + (70 - 7)^2 = 9.898$.

3. $\frac{1}{25}x^2 + 2x + 25 = \left(\frac{1}{5}x + 5\right)^2$.

2.3 Potenzen und Wurzeln

1. **a)** x^{3n+m} ;   **b)** x^{-6} ;   **c)** $\dfrac{x^8 y^{-4} z^6}{a^6 b^2}$.

2. **a)** $x^{\frac{1}{2}}$;   **b)** $x^{\frac{4}{3}}$;   **c)** x^3 ;   **d)** $a^{-\frac{1}{3}}$;   **e)** $x^{\frac{1}{10}}$.

3. **a)** $\sqrt[3]{x^3 y}$;   **b)** $\sqrt[12]{x^3 y^2}$;   **c)** $\sqrt{\dfrac{x y^2}{x^2 y}} = \sqrt{\dfrac{y}{x}}$.

4. **a)** $\sqrt{x}$;   **b)** $\sqrt[5]{x^4} = \left(\sqrt[5]{x}\right)^4$;   **c)** $\sqrt[10]{x}$;   **d)** $\dfrac{1}{\sqrt[3]{x^2}}$.

5. **a)** $48\sqrt{2}$;   **b)** $-46\sqrt{3}$.

6. $-5 - 2\sqrt{6}$.

7. $a^{1,5}$.

8. **a)** $\dfrac{x}{3yz}$;   **b)** $\dfrac{1}{\sqrt[12]{x^5} \, \sqrt[10]{y^{11}}}$.

2.4 Logarithmen

1. **a)** $2^3 = 8 \Leftrightarrow \log_2 8 = 3$;   **b)** $a^{0,5} = c \Leftrightarrow \log_a c = 0,5$;

    c) $3^x = 3 \Leftrightarrow \log_3 3 = x$.

2. **a)** $\log 0{,}1 = -1$;   **b)** $\log 100 = 2$.

3. **a)** $\log_8 64 = 2$; **b)** $\log_5 125 = 3$; **c)** $\log_5 25 + \log_4 64 = 2 + 3 = 5$.

4. $2\log x = \log\left(\frac{125}{5}\right) = \log 25 \Rightarrow \log x = 0{,}5\log 25 = \log\sqrt{25} = \log 5$.

    $x = 5$ ($x = -5$ ist keine Lösung, da $\log(-5)$ nicht definiert ist).

5. $2\log x = \log\left(\frac{6^4}{6^2}\right) = \log 6^2 = 2\log 6 \Rightarrow x = 6$.

6. $\log x = 0{,}5[(\log(24 \cdot 8) - \log 3] = 0{,}5\log\left(\frac{24\cdot 8}{3}\right) = 0{,}5\log 64$

    $= \log\sqrt{64} = \log 8 \Rightarrow x = 8$.

7. $\log x = \frac{1}{3}\log\left(\frac{9\cdot 3}{1}\right) = \frac{1}{3}\log 27 = \log\sqrt[3]{27} = \log 3 \Rightarrow x = 3$.

8. $\log_2 8 = \log_2 2^3 = 3$; $\log_{10} x = 3 \Rightarrow x = 10^3 = 1000$.

9. **a)** $x = 4$; **b)** $x = 1000$; **c)** $x = 1$;
d) $x = 2$; **e)** keine Lösung ; **f)** $x = 1000$.

10. $0{,}5 \log a$.

11. Folgende Ausdrücke sind gleich: **A** und **C**, **B** und **E**, **D** und **F**.

12. $\dfrac{1}{n} \displaystyle\sum_{k=1}^{n} \log a_k$.

2.5 Gleichungen mit einer Variablen

1. **a)** $x = -15$; **b)** $x = -\frac{3}{2}$.

2. 5 Wochen.

3. Olga's Ersparnisse: 4.000,00 EUR; Paul's Ersparnisse: 6.000,00 EUR.

4. **a)** $x = 64$; **b)** keine reelle Lösung ; **c)** $x = 5$.

5. EUR 1.300.000,00.

6. Die Zahl ist 1.800.

7. $K_0 = 2.500{,}00$ EUR .

8. In $n = 7{,}14$ Jahren.

9. **a)** $1{,}86121$; **b)** $x^3 = \frac{1}{27}$, $x = \frac{1}{3}$; **c)** $x = \dfrac{\log 20}{\log 5} = 1{,}86135$.

10. **a)** $x_1 = -1$, $x_2 = 2$; **b)** $x_{1,2} = 3$; **c)** keine reelle Lösung.

11. **a)** $x_{1,2} = \sqrt{2}$, $x_{3,4} = -\sqrt{2}$;
b) $x_1 = -1$, $x_2 = +1$, $x_3 = -2$, $x_4 = +2$.

12. **a)** $x^7 - 2x^6 - 8x^5 = x^5(x^2 - 2x - 8)$: $x^5 = 0 \Rightarrow x_{1,2,3,4,5} = 0$
$x^2 - 2x - 8 = 0 \Rightarrow x_6 = -2$, $x_7 = 4$;
b) $4x^{10} - 24x^9 + 36x^8 = 4x^8(x^2 - 6x + 9)$: $x^8 = 0 \Rightarrow x_{1,2,\ldots,8} = 0$
$x^2 - 6x + 9 = 0 \Rightarrow x_{9,10} = 3$;
c) $x^6 - 7x^5 = x^5(x - 7) = 0 \Rightarrow x_{1,2,\ldots,5} = 0$, $x_6 = 7$.

13. **a)** $x_1 = -3$, $x_2 = 3$; **b)** $x_1 = 1$, $x_2 = -6$;
c) $x_{1,2} = 0$, keine weiteren reellen Lösungen ;
d) $x_{1,2,\ldots,5} = 0$, $x_6 = \frac{3}{2}$, $x_7 = -\frac{3}{2}$; **e)** $x_{1,2,3} = -2$;
f) keine reelle Lösung ; **g)** $x_1 = 0$, $x_2 = \frac{2}{3}$, $x_3 = -1$.

14. $6 = \dfrac{x}{8} - \dfrac{720}{x} + 7 \Rightarrow x^2 + 8x - 5760 = 0$

$x_1 = 72, \ x_2 = -80 \Rightarrow x_1 = 72$ km/h ist die zulässige Lösung.

2.6 Ungleichungen

1. $\dfrac{21 + x}{2x} < 4.$

Für den nächsten Schritt ist eine Fallunterscheidung nötig:

(I) $x > 0$: $21 + x < 8x$ (II) $x < 0$: $21 + x > 8x$

$\qquad\qquad\qquad 21 < 7x \qquad\qquad\qquad\qquad\qquad 21 > 7x$

$\qquad\qquad\qquad\quad 3 < x \qquad\qquad\qquad\qquad\qquad\quad 3 > x$

$\qquad \mathbb{L}_1 = \{x \mid x > 3\} \qquad\qquad\qquad \mathbb{L}_2 = \{x \mid x < 0\}$

$\mathbb{L} = \{x \mid x > 3 \lor x < 0\} \ .$

2. $x \geq \frac{1}{3}y - 1 \ .$

3. (I) $x > -4$: $2 - x < 5(4 + x)$ (II) $x < -4$: $2 - x > 5(4 + x)$

$\qquad\qquad\qquad -6x < 18 \qquad\qquad\qquad\qquad\qquad\quad -6x > 18$

$\qquad\qquad\qquad\quad x > -3 \qquad\qquad\qquad\qquad\qquad\qquad x < -3$

$\qquad \mathbb{L}_1 = \{x \mid x > -3\} \qquad\qquad\qquad \mathbb{L}_2 = \{x \mid x < -4\}$

$\mathbb{L} = \{x \mid x < -4 \lor x > -3\} \ .$

4. $|100 - x| \leq 10 \Leftrightarrow -10 \leq 100 - x \leq 10 \Leftrightarrow -110 \leq -x \leq -90$

$\Leftrightarrow 90 \leq x \leq 110 \ .$

5. $x - zs \leq u \leq x + zs \ .$

6. $m - s < x < m + 2s \ .$

7. a) $16x > 4x^2 + 15 \Leftrightarrow 4x^2 - 16x + 15 < 0 \Leftrightarrow x^2 - 4x + \frac{15}{4} < 0$

$\qquad \mathbb{L} = \{x \mid 1{,}5 < x < 2{,}5\};$

    b) $\mathbb{L} = \emptyset \ .$

8. $5x + 1 > \dfrac{5x^2 + 5}{x}$

(I) $x > 0 : \ 5x^2 + x > 5x^2 + 5$ (II) $x < 0 : \ 5x^2 + x < 5x^2 + 5$

$\qquad\qquad\qquad\quad x > 5 \qquad\qquad\qquad\qquad\qquad\qquad\quad x < 5$

$\qquad \mathbb{L}_1 = \{x \mid x > 5\} \qquad\qquad\qquad\quad \mathbb{L}_2 = \{x \mid x < 0\}$

$\mathbb{L} = \mathbb{L}_1 \cup \mathbb{L}_2 = \{x \mid x < 0 \lor x > 5\} \ .$

9. $x^2 + 1$ ist immer positiv!

$$\frac{3x + 2}{x^2 + 1} < 2 \Leftrightarrow 3x + 2 < 2x^2 + 2 \Leftrightarrow 2x^2 - 3x = x(2x - 3) > 0$$

(I) $x > 0 \wedge 2x - 3 > 0 \Leftrightarrow x > 0 \wedge x > 1{,}5$;

(II) $x < 0 \wedge 2x - 3 < 0 \Leftrightarrow x < 0 \wedge x < 1{,}5$;

$\mathbb{L} = \{x \mid x < 0 \vee x > 1{,}5\}$.

10. (I) $3 + x > 0 \Leftrightarrow x > -3$ (II) $3 + x < 0 \Leftrightarrow x < -3$

$$\begin{array}{ll}
5x < -3(3 + x) = -9 - 3x & \quad 5x > -3(3 + x) = -9 - 3x \\
8x < -9 & \quad 8x > -9 \\
x < -\frac{9}{8} & \quad x > -\frac{9}{8}
\end{array}$$

d.h. $x > -\frac{9}{8} \wedge x < -3$

$\mathbb{L}_1 = \{x \mid -3 < x < -\frac{9}{8}\}$ $\mathbb{L}_2 = \emptyset$

$\mathbb{L} = \{x \mid -3 < x < -\frac{9}{8}\}$.

11. a) $\mathbb{L} = \{x \mid x > 5\}$;

b) (I) $x > 2$: $x + 2 < 2x - 4$ (II) $x < 2$: $x + 2 > 2x - 4$

$\qquad\qquad\qquad 6 < x$ $6 > x$

$\Rightarrow \mathbb{L} = \{x \mid x < 2 \vee x > 6\}$;

c) $\dfrac{x - 2}{x - 1} < \dfrac{x + 1}{x + 2} \Rightarrow \dfrac{(x - 2)(x + 2) - (x + 1)(x - 1)}{(x - 1)(x + 2)} < 0$

$\Rightarrow \dfrac{x^2 - 4 - x^2 + 1}{(x - 1)(x + 2)} < 0 \Rightarrow \dfrac{-3}{(x - 1)(x + 2)} < 0$

(I) $x < -2 \vee x > 1$ (II) $-2 < x < 1$

$\mathbb{L}_1 = \{x \mid x < -2 \vee x > 1\}$ $\mathbb{L}_2 = \emptyset$

$\mathbb{L} = \mathbb{L}_1 \cup \mathbb{L}_2 = \{x \mid x < -2 \vee x > 1\}$.

12. a) (I) $x > 0$: $x + 3 < 2x$ (II) $x < 0$: $x + 3 > 2x$

$\mathbb{L}_1 = \{x \mid x > 3\}$ $\mathbb{L}_2 = \{x \mid x < 0\}$

$\mathbb{L} = \mathbb{L}_1 \cup \mathbb{L}_2 = \{x \mid x < 0 \vee x > 3\}$;

b) $\mathbb{L} = \emptyset$;

c) $x^4 - x^3 - 2x^2 > 0 \Leftrightarrow x^2(x^2 - x - 2) > 0$

$\Leftrightarrow x^2(x - 2)(x + 1) > 0 \Rightarrow \mathbb{L} = \{x \mid x < -1 \vee x > 2\}$;

d) $x^3 - 2x^2 + x < 0 \Leftrightarrow x(x - 2x + 1) < 0$

$\Leftrightarrow x(x - 1)^2 < 0 \Rightarrow \mathbb{L} = \{x \mid x < 0\}$.

2.7 Summen

1. Richtig sind: **B, C, D** .

2. Richtig sind: **B, D** .

3. Richtig sind: **C, E** ;   Falsch sind: **A, B, D** .

4. a) $\sum\limits_{i=1}^{3} \sum\limits_{j=1}^{2} a_{ij} = 0 + 1 + 2 + 0 + 1 + 2 = 6$;

    b) $\sum\limits_{i=1}^{3} \prod\limits_{j=1}^{i} a_{ij} = 0 + 2 \cdot 0 + 1 \cdot 2 \cdot 1 = 2$.

5. $b^5 + ab^4 + a^2 b^3 + a^3 b^2 + a^4 b + a^5$.

6. A) $\sum\limits_{i=1}^{n} 2a_i b_i$;   **B)** $\sum\limits_{j=1}^{n} c_j 2^{n-j}$ $(j = k - 5)$;

    C) $\sum\limits_{i=1}^{n} (a_i b_{n-i+1} - a_{n-i+1} b_i) = 0$.

7. Richtig sind: **A, C, D, E** .

8. Richtig ist **B** .

2.8 Produkte

1. a) $(1 - 3) \cdot (2 - 3) \cdot (3 - 3) \cdot (4 - 3) \cdot (5 - 3) = 0$;
    b) $(-1) \cdot 1 \cdot (-1) \cdot 1 \cdot (-1) = -1$.

2. Richtig ist: **B** .

2.9 Absolute Beträge

1. a) $\sum\limits_{j=1}^{n} |a_j - a_i|$;   **b)** $\sum\limits_{j=1}^{i-1} (a_i - a_j) + \sum\limits_{j=i+1}^{n} (a_j - a_i)$.

3   Grundbegriffe der Logik

3.1   Aussagen und Aussageformen

1.   **a)** Aussage, falsch; **b)** Aussage, wahr; **c)** keine Aussage, da nicht objektiv und eindeutig feststellbar ist, was "groß" ist; **d)** Aussage; **e)** keine Aussage; **f)** keine Aussage, da "krumm" nicht objektiv und eindeutig definiert ist; **g)** keine Aussage, da "steil" nicht objektiv und eindeutig feststellbar ist; **h)** Aussage; **i)** Aussage, wahr.

2.   **a)** $A \wedge (B \vee C)$ w ;   **b)** $A \Rightarrow B$ w ;
     w   f   w   f   f

     c) $(A \vee B) \Rightarrow C$ f ;   **d)** $(A \wedge B) \Rightarrow C$ w .
      w   f   f   f   w   f

3.   **a)** wahre Aussage ;   **b)** wahre Aussage ;   **c)** keine Aussage ;
     d) falsche Aussage ;   **e)** keine Aussage ;   **f)** falsche Aussage .

3.2   Verknüpfungen von Aussagen

1.

A	$\bar{A}$	B	$(A \Rightarrow B)$	$\bar{A} \Rightarrow (A \Rightarrow B)$
w	f	w	w	w
w	f	f	f	w
f	w	w	w	w
f	w	f	w	w

2.

A	B	$A \Rightarrow B$	$B \Rightarrow A$	$(A \Rightarrow B) \wedge (B \Rightarrow A)$	$A \Leftrightarrow B$
w	w	w	w	w	w
w	f	f	w	f	f
f	w	w	f	f	f
f	f	w	w	w	w

3.   Wahr sind: **b)**, **c)**, **d)** .

4. $X \Leftrightarrow Y$; $X \Leftrightarrow Z$; $Y \Leftrightarrow Z$.

5. $A \not\Rightarrow B$; $B \not\Rightarrow A$; $C \Rightarrow A$; $A \not\Rightarrow C$; $B \not\Rightarrow C$; $C \Rightarrow B$;
     C ist hinreichend für A und für B ;
     A ist notwendig für C ; B ist notwendig für C .

6.   **a)** $B \Rightarrow A$;   **b)** $A \Rightarrow B$;   **c)** $A \Leftrightarrow B$.

3.3 Beweisführungen

1. a) Direkt:

$$(1 + a + a^2 + a^3 + \ldots + a^n)(1 - a) < \frac{1}{1 - a} \cdot (1 - a)$$

$$1 + a + a^2 + \ldots + a^n - a - a^2 - \ldots - a^n - a^{n+1} < 1$$

$$\Leftrightarrow 1 - a^{n+1} < 1$$

b) Vollständige Induktion:

Anfang: $\qquad 1 + a < \dfrac{1}{1 - a} \Leftrightarrow 1 - a^2 < 1$

Voraussetzung: $\quad 1 + a + a^2 + \ldots + a^n < \dfrac{1}{1 - a}$

Schluss: $\qquad\quad a + a^2 + \ldots + a^{n+1} < \dfrac{a}{1 - a}$

$$1 + a + a^2 + \ldots + a^{n+1} < 1 + \frac{a}{1 - a} = \frac{1}{1 - a}$$

2. $n! = 1 \cdot 2 \cdot 3 \cdot \ldots \cdot n; \qquad n^n = n \cdot n \cdot n \cdot \ldots \cdot n$

Für $n > 1$ folgt $1 < n$, $2 < n$ usw. also $n! < n^n$.

3. a) $\displaystyle\sum_{k=1}^{n} (k + 1)^3 = \sum_{k=1}^{n} k^3 + 3 \sum_{k=1}^{n} k^2 + 3 \sum_{k=1}^{n} k + \sum_{k=1}^{n} 1$;

$$= \sum_{k=1}^{n} k^3 + 3 \sum_{k=1}^{n} k^2 + \frac{3n(n + 1)}{2} + n$$;

$$\sum_{k=1}^{n} (k + 1)^3 = \sum_{j=2}^{n+1} j^3 = \sum_{j=1}^{n} j^3 + (n + 1)^3 - 1 .$$

Gleichsetzung der rechten Seiten ergibt nach Auflösung:

$$3 \sum_{k=1}^{n} k^2 = n^3 + 3n^2 + 3n + 1 - 1 - \frac{3n(n + 1)}{2} - n$$;

$$\sum_{k=1}^{n} k^2 = \frac{2n^3 + 3n^2 + n}{6} = \frac{n(n + 1)(2n + 1)}{6} \qquad \text{q.e.d.}$$

b) Vollständige Induktion:

Induktionsanfang: $n = 1$

Induktionsvoraussetzung: Die Formel sei für $n \in \mathbb{N}$ richtig.

Induktionsschluss:

$$\sum_{k=1}^{n+1} k^2 = \sum_{k=1}^{n} k^2 + (n+1)^2 = \frac{n(n+1)(2n+1)}{6} + (n+1)^2$$

$$= \frac{n(n+1)(2n+1) + 6(n+1)(n+1)}{6}$$

$$= \frac{(n+1)(2n^2 + n + 6n + 6)}{6}$$

$$= \frac{(n+1)(n+2)(2n+3)}{6} = \frac{(n+1)((n+1)+1)(2(n+1)+1)}{6}$$

d.h. aus der Richtigkeit der Aussage A(n) folgt die Richtigkeit von A($n+1$), nämlich die o.a. Formel, in der n durch $n+1$ ersetzt wird.   q.e.d.

4 Grundlagen der Mengenlehre

4.1 Begriff der Menge

1. **a)** $\{a, e, i, o, u\}$ oder $\{x \mid x \text{ ist ein Vokal des lateinischen Alphabets}\}$;
   b) $\{x, y, z\}$;
   c) $\{2, 3, 4, 5\}$ oder $\{x \mid (x \in \mathbb{N}) \wedge (1 < x < 6)\}$ oder
   $\{x \mid (x \in \mathbb{N}) \wedge (2 \leq x \leq 5)\}$
   d) $\{x \mid (x \in \mathbb{R}) \wedge (x > 2)\}$ oder $\{x \in \mathbb{R} \mid x > 2\}$.

2. $A = \{x \mid x = 5n \wedge n \in \mathbb{N}\}$ $B = \{x \mid x = 3n + 1 \wedge n \in \mathbb{N}\}$
   $C = \{x \mid (x \leq 3 \vee 8 \leq x \leq 11) \wedge x \in \mathbb{N}\}$

3. $\emptyset$ ist die leere Menge, $\{\emptyset\}$ ist eine Menge mit einem Element, und zwar der leeren Menge.

4.2 Beziehungen zwischen Mengen

1. Richtig sind: **a)**, **b)**, **d)**, **e)** ; falsch ist: **c)** .

2. **a)**, **b)**, **d)** .

3. $\wp(A) = \{\emptyset, \{1\}, \{2\}, \{3\}, \{4\}, \{1,2\}, \{1,3\}, \{1,4\}, \{2,3\}, \{2,4\},$
   $\{3,4\}, \{1,2,3\}, \{1,2,4\}, \{1,3,4\}, \{2,3,4\}, A\}.$

4. $K_1 = \{\{a\}, \{b\}, \{c\}\}$; $K_2 = \{\{a\}, \{b,c\}\}$; $K_3 = \{\{a,b\}, \{c\}\}$;
   $K_4 = \{\{a,c\}, \{b\}\}$; $K_5 = \{\{a,b,c\}\}.$

4.3 Mengenoperationen

1. **a)** $S \setminus R = \{u, v\}$;   **b)** $R \cap S = \{w\}$;
   c) $R \cup T = \{u, v, w, x, y\}$;   **d)** $R \setminus S = \{x, y\}$.

2. **a)** $A \setminus C = A$;   **b)** $B \setminus (A \cup C) = \emptyset$;
   c) $B \cup C = B$;   **d)** $B \cap C = C$.

3. **b)**, **d)**, **e)**, **f)**, **g)**, **h)** .

4. **a)** 3,6 ;   **b)** 7 ;   **c)** 5 ;   **d)** 1, 2, 3, 4, 5, 6, 7 ;
   e) 2, 4, 6 ;   **f)** 1, 2, 4, 5, 6 .

5. **a)** $n(A \cup B) = 140$;   **b)** $n(A \cup B \cup C) = 180$;
   c) $n(\bar{A} \cap B \cap C) = 20$;   **d)** $n(\bar{A} \cap \bar{B} \cap C) = 40$.

6. **a)** $A \cup B \cup C = \{1,2,3,4,5,6,7,8,10\}$;   **b)** $B \cap C = \{2,3\}$;
   c) $A \cap B \cap C = \{2\}$;   **d)** $A \setminus B = \{4,6,8,10\}$.

4.4 Produkte von Mengen

1. $X \times Y = \{(x_1, y_1), (x_1, y_2), (x_2, y_1), (x_2, y_2)\}$
   $Y \times X = \{(y_1, x_1), (y_1, x_2), (y_2, x_1), (y_2, x_2)\}$

2. $5 \times 6 = 30$ Elemente.

4.5 Relationen und Abbildungen

1. **b)**, **c)**, **e)** .

2. R_2 und R_3 .

3. **a)** und **d)** notwendig und hinreichend ; **b)** spielt keine Rolle ;
c) hinreichend .

4. **a)** ja, eineindeutig auf ; **b)** ja , Abbildung in ;
c) ja, Abbildung auf ; **d)** nein .

5. Abbildungen sind **b)**, **c)**, **e)**; injektiv sind **c)**, **e)** .

6.

	Abbildung?	Typ
a) $x - y = const.$	ja	bijektiv
b) $y^2 = x$	nein	–
c) $e^x - y = 0$	ja	injektiv

7. **a)** $W(f_1) \subset D(f_3)$; $W(f_1) \cap D(f_2) = \emptyset$.
Definiert ist also nur (1) $f_3 \circ f_1 : A \to C$;
b) $f_3 \circ f_1(a) = f_3 \circ f_1(b) = x$; $f_3 \circ f_1(c) = f_3 \circ f_1(e) = u$;
$f_3 \circ f_1(d) = y$.

5 Kombinatorik

5.1 Fakultäten, Binomialkoeffizienten und Polynomialkoeffizienten

1. **a)** $\dfrac{24!}{21! \cdot 3!} = \dfrac{24 \cdot 23 \cdot 22}{3 \cdot 2 \cdot 1} = 2.024$; **b)** $\dfrac{6!}{6! \cdot 0!} = 1$;

c) $\dfrac{10!}{8! \cdot 2!} = 45$; **d)** $\dfrac{5!}{2! \cdot 3!} = 10$;

e) $\dfrac{0!}{0! \cdot 0!} = 1$.

2. **a)** 362.880 ; **b)** 359.537 .

3. a) $\binom{8}{5} + \binom{8}{6} = \binom{9}{6} = \dfrac{9!}{6! \cdot 3!} = \dfrac{9 \cdot 8 \cdot 7}{1 \cdot 2 \cdot 3} = 84$;

b) $\binom{9}{2} + \binom{9}{6} = \binom{9}{2} + \binom{9}{3} = \binom{10}{3} = \dfrac{10!}{3! \cdot 7!} = \dfrac{10 \cdot 9 \cdot 8}{1 \cdot 2 \cdot 3} = 120$;

c) $\displaystyle\sum_{i=1}^{8} \binom{2+i}{2} = \binom{11}{3} = \dfrac{11!}{3! \cdot 8!} = \dfrac{11 \cdot 10 \cdot 9}{1 \cdot 2 \cdot 3} = 165$.

4. a) $\binom{12}{9} + \binom{12}{3} = \binom{12}{9} + \binom{12}{9} = 2\binom{12}{9} = 440$;

b) $\binom{34}{31} + \binom{34}{32} = \binom{35}{32} \Rightarrow \binom{35}{32} - \binom{34}{31} = \binom{34}{32} = 561$;

c) $\displaystyle\sum_{k=2}^{8} \binom{8}{k} = \sum_{k=0}^{8} \binom{8}{k} - \binom{8}{0} - \binom{8}{1} = 2^8 - 1 - 8 = 256 - 9 = 247$.

5. a) $\binom{12}{6, 4, 2} = \dfrac{12!}{6! \cdot 4! \cdot 2!} = 13.860$;

b) $\binom{15}{5, 5, 5} = \dfrac{15!}{5! \cdot 5! \cdot 5!} = 756.756$;

c) $\binom{15}{5, 10} = \dfrac{15!}{5! \cdot 10!} = 3.003$.

5.2   Permutationen

1. Permutationen von 5 Elementen: $5! = 120$.

2. M2, M4 und M5 können als eine Maschine aufgefaßt werden. Es gibt somit noch 4 Maschinen und damit $4! = 24$ Bearbeitungsreihenfolgen.

3. a) $5! = 120$;   **b)** $\binom{5}{2, 2, 1} = \dfrac{5!}{2! \cdot 2! \cdot 1!} = 30$;

c) $\binom{5}{2, 3} = \dfrac{5!}{2! \cdot 3!} = 10$.

4. $\binom{11}{4, 3, 2, 2} = \dfrac{11!}{4! \cdot 3! \cdot 2! \cdot 2!} = 69.300$.

5. $\binom{6}{1,1,1,1,2} = \dfrac{6!}{1! \cdot 1! \cdot 1! \cdot 1! \cdot 2!} = 360$.

6. a) $9! = 362.880$;   **b)** $\binom{9}{2,3,4} = \dfrac{9!}{2! \cdot 3! \cdot 4!} = 1.260$.

5.3 Kombinationen mit Berücksichtigung der Anordnung

1. $\binom{12}{10} \cdot 10! = \dfrac{12!}{2!} = 239.500.800$.

2. $\binom{5}{2} \cdot 2! = \dfrac{5!}{3!} = 20$.

3. $2^3 = 8$.

5.4 Kombinationen ohne Berücksichtigung der Anordnung

1. $\binom{12}{8} = 495$.

2. $\binom{8}{4} = 70$. Er hat EUR 70 zu zahlen.

3. $\binom{10}{3} = \dfrac{10!}{3! \cdot 7!} = 120$.

4. $\binom{5}{3} = \dfrac{5!}{3! \cdot 2!} = 10$.

5. a) Kombinationen ohne Berücksichtigung der Anordnung, mit Wiederholung: $n = 10, k = 4$: $\binom{10 + 4 - 1}{4} = \binom{13}{4} = 715$;

b) Kombinationen ohne Berücksichtigung der Anordnung, ohne Wiederholung: $n = 10, k = 4$: $\binom{10}{4} = 210$.

6. $\binom{32}{5} = \dfrac{32!}{5! \cdot 27!} = 201.376$.

7. $\binom{8}{2} = \dfrac{8!}{2! \cdot 6!} = 28$.

8. $\binom{4+8-1}{8} = \binom{11}{8} = \dfrac{11!}{8! \cdot 3!} = 165$.

5.5 Zusammengesetzte kombinatorische Probleme

1. $\binom{5}{3} \cdot \binom{4}{2} = \dfrac{5!}{3! \cdot 2!} \cdot \dfrac{4!}{2! \cdot 2!} = 60$.

2. a) $\binom{26}{3} \cdot 3! = \dfrac{26!}{23!} = 26 \cdot 25 \cdot 24 = 15.600$.

    b) Zusammensetzung aus 2 Kombinationen wie **a)**:

       $n_1 = 5,\ k_1 = 1\ ;\ n_2 = 21,\ k_2 = 2$

$$\Rightarrow \binom{5}{1} \cdot 1! \cdot \binom{21}{2} \cdot 2! = 5 \cdot 21 \cdot 20 = 2.100 \ .$$

3. $10^4 - 10^3 = 9.000$ 4-stellige Zahlen ;

    $9 \cdot 9 \cdot 8 \cdot 7 = 4.536$ mal taucht keine Ziffer mehrmals auf ;

    $9 \cdot 9 \cdot 3 + 8 \cdot 9 \cdot 3 = 459$ 4-stellige Zahlen mit 2 Einsen .

4. a) $\binom{32}{10} = \dfrac{32!}{10! \cdot 22!} = 64.512.240$;

    b) $\binom{4}{4} \cdot \binom{28}{6} = \dfrac{28!}{6! \cdot 22!} = 376.740$.

5. a) $\binom{5}{3} = \dfrac{5!}{3! \cdot 2!} = 10$;

    b) Zu jeder Kombination noch $3! - 1 = 5$ weitere;

       insgesamt also: $\binom{5}{3} \cdot 3! = \dfrac{5!}{(5-3)!} = 60$;

    c) $\binom{5+3-1}{3} = \binom{7}{3} = 35$;

    d) Ja! Alle Permutationen der Möglichkeiten aus **c)** .

6. Allgemein handelt es sich um Kombinationen ohne Berücksichtigung der Anordnung innerhalb eines Tages, ohne Wiederholung:

$$\binom{20}{10} \cdot \binom{10}{10} = 184.756 .$$

7. a) Kombinationen ohne Wiederholung, mit Berücksichtigung der Anordnung: $\binom{15}{8} \cdot 8! = \dfrac{15!}{7!} = 259.459.200$;

   b) Kombinationen ohne Wiederholung, ohne Berücksichtigung der Anordnung: $\binom{15}{8} = \dfrac{15!}{8! \cdot 7!} = 6.435$.

8. a) (1) $5! = 120$; (2) $\dfrac{5!}{5} = 4! = 24$;   b) $\binom{7}{3} \cdot \binom{5}{2} = 350$.

9. a) $5^4 = 625$; b) $5^2 \cdot 4^2 = 400$.

10. $9.999 \cdot 26^2 \cdot 100 = 675.932.400$.

11. a) $\binom{10}{6} = \dfrac{10!}{6! \cdot 4!} = 210$;   b) $\binom{6}{4} \cdot \binom{4}{2} = 90$.

12. $2^4 = 16$.

13. $8! + 7! = 45.360$.

14. $\binom{4+6-1}{6} = \binom{9}{6} = 84$.

15. a) $\binom{6}{2} = 15$;   b) $\binom{12}{3,3,3,3} = 369.600$.

16. a) Anzahl der Permutationen: $8! = 40.320$;

   b) Polynomialkoeffizient: $\binom{8}{2,2,2,2} = 2.520$;

   c) Polynomialkoeffizient: $\binom{8}{1,1,2,2,2} = 5.040$.

6 Funktionen mit einer unabhängigen Variablen

6.1 Funktionsbegriff

1. Definitionsbereich: $\{x \mid x \in \mathbb{R} \wedge 0 \leq x \leq 3\}$;
   Wertebereich: $\{y \mid y \in \mathbb{R} \wedge 0 \leq y \leq 4\}$

2. a) $D(f) = \mathbb{R}$; $W(f) = \{y \mid y \in \mathbb{R} \wedge y > 2\}$;
   b) $D(f) = \mathbb{R}$; $W(f) = \{y \mid y \in \mathbb{R} \wedge 0 < y \leq 1\}$.

3. a) $D(f) = \mathbb{R}$; $W(f) = \{y \mid y \in \mathbb{R} \wedge y \geq 1\}$;
   b) $D(f) = \mathbb{R}$; $W(f) = \{y \mid y \in \mathbb{R} \wedge 0 < y < 1\}$.

6.2 Darstellung von Funktionen

1. a) gehört zu **A**, b) gehört **D**, c) gehört zu **B**, d) gehört zu **C** .

2. a) zu **C**, b) zu **D**, c) zu **A**, d) zu **B** .

3. a) zu **B**, b) zu **C**, c) zu **D**, d) zu **A** .

4. In dem Bild ist Funktion 2) dargestellt.

5. $x_1 = 1$, $y_1 = -1$; $x_2 = 0$, $y_2 = 0$.

6.3 Eigenschaften von Funktionen

1.

Funktion	Definitions-bereich	Wertebereich	Umkehr-funktion
$y = 3x^2 + 5$	$\mathbb{R}$	$\{y \in \mathbb{R} \mid y \geq 5\}$	existiert nicht
$y = \ln x + 1$	$\mathbb{R}^+$	$\mathbb{R}$	$x = e^{y-1}$
$y = \dfrac{1}{x+1}$	$\mathbb{R}\backslash\{-1\}$	$\mathbb{R}\backslash\{0\}$	$x = \dfrac{1}{y} - 1$

2. a) $W = \{y \in \mathbb{R} \mid y > 1\}$;   b) $y - 1 = e^x$, $x = \ln(y-1)$;
   c) $W = \mathbb{R}$;   d) $D = \{y \in \mathbb{R} \mid y > 1\}$.

3. a) Definitionsbereich $\{x \in \mathbb{R} \mid x \leq 0\}$;

    b) Wertevorrat $\{y \in \mathbb{R} \mid y \geq -2\}$;

    c) Umkehrfunktion $x = -\sqrt{y+2}$ für $y \geq -2$.

4. Die Funktion ist nach unten beschränkt: $y > 0$.

5. a) $x_1 < x_2 \Rightarrow x_1^3 < x_2^3$ (das gilt für alle ungeraden positiven Exponenten) $\Rightarrow \frac{1}{3}x_1^3 < \frac{1}{3}x_2^3$, d.h. die Funktion ist streng monoton steigend.

    b) Wegen $x^4 = (-x)^4$ ist die Funktion <u>nicht</u> monoton.

    c) $x_1 < x_2 \Rightarrow \ln x_1 < \ln x_2$ und $e^{x_1} < e^{x_2}$
$\Rightarrow \ln(x_1 + e^{x_1}) < \ln(x_2 + e^{x_2})$, d.h. die Funktion ist streng monoton steigend.

    d) $x_1 < x_2 \Rightarrow \dfrac{1}{x_1} > \dfrac{1}{x_2}$, d.h. die Funktion ist streng monoton fallend.

6. $x = -\sqrt{y}$; Definitionsbereich $\{y \in \mathbb{R} \mid y \geq 0\}$
                    Wertevorrat $\{x \in \mathbb{R} \mid x \leq 0\}$

7. Richtig sind: **b)** und **c)** .

8. $y = x$ und $x = y$; $y = ax + b$ und $x = \dfrac{y-b}{a}$ mit $a \neq 0$

     $y = \dfrac{1}{x}$ und $x = \dfrac{1}{y}$ mit $y, x \neq 0$; $y = 10^x$ und $x = \log y$.

9. a) $x = f^{-1}(y) = 2y + 6$;   **b)** $x = f^{-1}(y) = \sqrt[3]{y+5}$.

10. $x = \dfrac{1}{3y} - \dfrac{4}{3}$.

11. $y = \dfrac{3}{1+x}$.

12. a) $W(f) = \{y \mid y > -2\}$;

     b) $y + 2 = e^{-2x} \Leftrightarrow -2x = \ln(y+2) \Leftrightarrow x = -0,5 \ln(y+2)$;

     c) $D(f^{-1}) = \{y \mid y > -2\}$; $W(f^{-1}) = \mathbb{R}$.

13. $\dfrac{g(f(t))}{h(t)} = \dfrac{e^{tb^2} \cdot e^{ab^2}}{e^{tb^2}} = e^{ab^2}$.

6.4 Nullstellen von Funktionen

1. **a)** $x_{1,2} = 4$; $x_3 = -0,5$;
   b) $x_{1,2} = 0$; $x_{3,4} = 3$; $x_{5,6} = -3$;
   c) $x_1 = 0$; $x_2 = 3$.

2. Nullstellen: $x_1 = 0$; $x_2 = +2$; $x_3 = -2$.

3. $(x^4 - 13x^3 + 51x^2 - 67x + 28) : (x^2 - 2x + 1) = x^2 - 11x + 28$
$$\underline{x^4 - 2x^3 + x^2}$$
$$-11x^3 + 50x^2$$
$$\underline{-11x^3 + 22x^2 - 11x}$$
$$28x^2 - 56x$$
$$\underline{28x^2 - 56x + 28}$$
$$0$$

   $x^2 - 11x + 28 = 0$

   $x_{3,4} = \frac{11}{2} \pm \sqrt{\frac{121}{4} - \frac{112}{4}} = \frac{11}{2} \pm \sqrt{\frac{9}{4}} = \frac{11}{2} \pm \frac{3}{2}$

   $x_3 = 7$; $x_4 = 4$.

4. **a)** wegen $\ln 1 = 0 \Rightarrow x^2 - 3 = 1 \Rightarrow x^2 = 4$; $x_1 = -2$, $x_2 = +2$;

   b) $e^{2x^2 - 4x} - 1 = 0 \Rightarrow e^{2x^2 - 4x} = 1 \Rightarrow 2x^2 - 4x = 0$
   $\Rightarrow x_1 = 0$, $x_2 = 2$.

5. $(x + 3)(x - 2)(x + 1) = x^3 + 2x^2 - 5x - 6$;
   Nullstellen: $x_1 = -3$, $x_2 = +2$, $x_3 = -1$.

6. $y = x^3 - 5x^2 + 4x = 0$ 1. Nullstelle $x_1 = 0$.
   Aus der Division durch $(x - 0)$ folgt: $x^2 - 5x + 4 = 0$.
   Lösung der quadratischen Gleichung:

   $x_{2,3} = \frac{5}{2} \pm \sqrt{\frac{25}{4} - \frac{16}{4}} = \frac{5}{2} \pm \frac{3}{2}$; $x_2 = 4$, $x_3 = 1$.

6.5 Variablen- bzw. Koordinatentransformationen

1. $x = \ln x^\star$ $y = y^\star + 1$
   $y^\star + 1 = x^\star + (\ln x^\star)^2 + 2 \Rightarrow y^\star = x^\star + (\ln x^\star)^2 + 1$.

2. $\log_a y = 3x - 4$; $x^\star = x$; $y^\star = \log_a y$.

3. Richtig: **d)** .

4. $y^\star = 1 + x^\star + (\ln x^\star)^n$.

5. $x^\star = \ln x + 1 \Rightarrow x^\star - 1 = \ln x \Rightarrow x = e^{x^\star - 1}$;

$y^\star = \ln(y + 1) \Rightarrow y + 1 = e^{y^\star} \Rightarrow y = e^{y^\star} - 1$;

$y = x^2 - 1 \Rightarrow e^{y^\star} - 1 = (e^{x^\star - 1})^2 - 1 \Rightarrow e^{y^\star} = e^{2x^\star - 2}$;

$y^\star = 2x^\star - 2$.

6. $\ln y = -2x + 1 \Leftrightarrow y = e^{-2x+1}$.

7. $y + 1 = y^\star$; $x^2 = x^\star$; $y + 1 = x^4 + x^2 \Rightarrow y = x^4 + x^2 - 1$.

6.6   Durchschnittsfunktionen

1.

Funktion	Durchschnitts-funktion	Umkehrfunktion
$y = 10^{4x}$	$\bar{y} = \dfrac{10^{4x}}{x}$	$x = \frac{1}{4}\log y = \log \sqrt[4]{y}$
$y = x^4 + 4x^2 + 4$	$\bar{y} = x^3 + 4x + \dfrac{4}{x}$	existiert nicht

2.

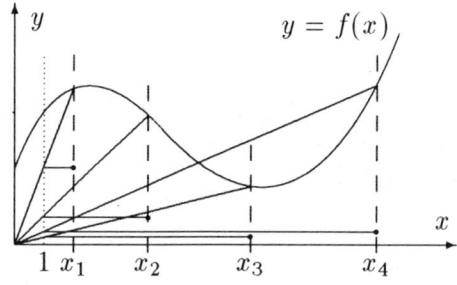

3. Durchschnittsfunktion steigt zwischen x_3 und x_4:

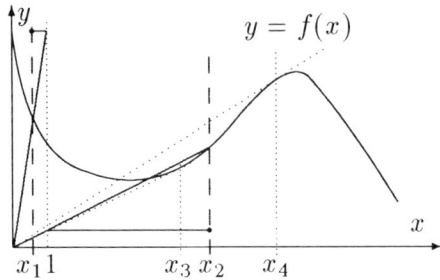

4. a) -4 ;   **b)** $-\frac{1}{3}$;   **c)** $\frac{3}{7}$.

7   Funktionen mit mehreren unabhängigen Variablen

7.1   Darstellung

1. Richtig: **a)**, **c)**, **f)** .

2.

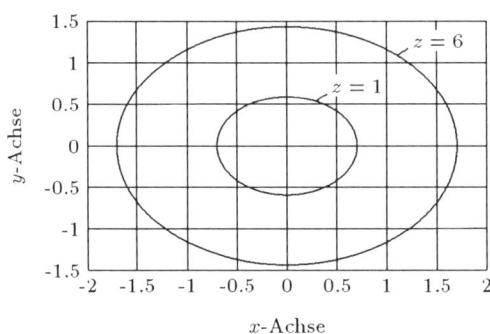

x-Achse

3. $f(x,y) \equiv 1 \Rightarrow -x + \sqrt{y} = 0 \Rightarrow y = x^2$, $x \in [0, \infty)$.

4. Richtig: **A)**, **C)** .

5. Richtig: **A)** .

6. **a)** Durch eine Schar paralleler Geraden.
   b) Durch eine Schar konzentrischer Kreise.
7. Richtig: **C)** .

7.2 Homogenität

1. **a)** $f(\lambda x, \lambda y) = \sqrt{3\lambda^2 x^2 \lambda^2 y^2 + 2\lambda^4 x^4 + 4\lambda x \lambda^3 y^3}$
   $= \sqrt{\lambda^4 (3x^2 y^2 + 2x^4 + 4xy^3)} = \lambda^2 f(x, y)$.
   Die Funktion ist homogen vom Grade 2.
   b) $f(x, y) = \dfrac{\lambda^2 x^2 \lambda y + \lambda^3 x^3 + \lambda^3 y^3}{\lambda x \lambda^2 y^2 + \lambda^2 x^2 \lambda y} = \dfrac{\lambda^3 (x^3 y + x^3 + y^3)}{\lambda^3 (xy^2 + x^2 y)}$
   $= \lambda^0 f(x, y)$
   Die Funktion ist homogen vom Grade Null.
   c) $f(\lambda x, \lambda y) = \dfrac{1}{\lambda^2 x^2 + \lambda^2 y^2} = \dfrac{1}{\lambda^2 (x^2 + y^2)} = \lambda^{-2} f(x, y)$
   Die Funktion ist homogen vom Grade -2 .

2. **a)** -1 ; **b)** 2 ; **c)** nicht homogen .

3. **a)** $m = 0{,}5$; **b)** x wird verdoppelt.

4. $a + b = 1$.

5. $r = 3$; $\lambda = 2$, $\lambda^3 = 8$, d.h. Verachtfachung der produzierten Menge.

6. **a)** $f(\lambda x) = \sqrt{\lambda^2 x^2 + \sqrt{\lambda^4 x^4}}\, \lambda x = \lambda^2 f(x)$; $r = 2$;
   b) $f(\lambda x, \lambda y) = \dfrac{\lambda^3 \sqrt{x^5 y} + \lambda^3 x^3 \sin 53^\circ}{\lambda^3 x^2 y + \lambda^3 x y^2} = f(x, y)$; $r = 0$.

7.3   Ökonomische Funktionen

1. $G = px - K(x) = px - x^2 - 100 \Rightarrow p = \dfrac{x^2 + 100 + G}{x}$

$G = 0$: $p = \dfrac{x^2 + 100}{x}$; $G = 100$: $p = \dfrac{x^2 + 200}{x}$

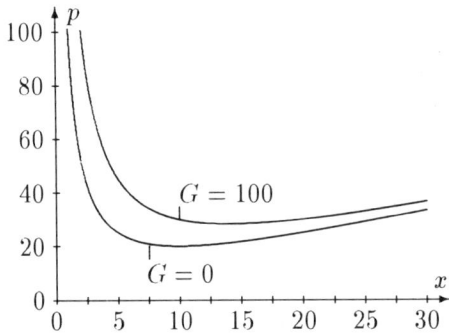

2. a)

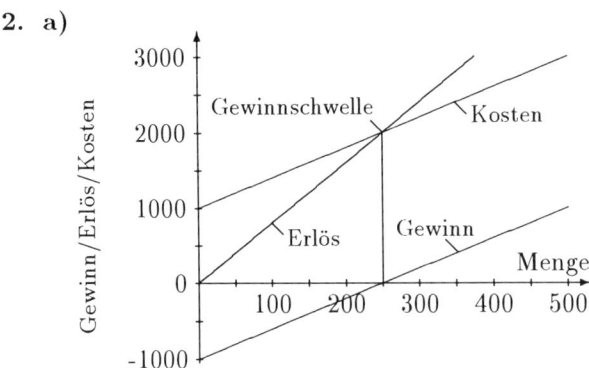

b) $G = 20e^{-\frac{300}{x} + 1} - 20e^{-\frac{100}{x}} = 0$

$\Rightarrow -\dfrac{300}{x} + 1 = -\dfrac{100}{x}$; $x = 200$.

8 Folgen, Reihen und Grenzwerte

8.1 Folgen und Reihen

1. Richtig: **a)** 21, denn es gilt: $a_{n+2} = a_{n+1} + a_n$.

2. **a)** $a_n = \dfrac{(-1)^{n-1}}{n}$; **b)** $a_n = \left(1 + \dfrac{1}{n}\right)^n = \left(\dfrac{n+1}{n}\right)^n$;

c) $a_n = n$; **d)** $a_n = \dfrac{2n+1}{n}$.

3. **a)** $a_n = 1 + 10^{-n}$;

b) $a_n = a_{n-1} + n$ mit $a_1 = 1$ oder $a_n = \displaystyle\sum_{i=1}^{n} i = \dfrac{n(n+1)}{2}$;

c) $0{,}5 + (-1)^n \cdot 0{,}5$ oder $a_n = \begin{cases} 0 & \text{für } n \text{ ungerade} \\ 1 & \text{für } n \text{ gerade} \end{cases}$.

4. **a)** $a_n = (-1)^n \dfrac{n+1}{n^{n-1}}$; **b)** $a_n = a_{n-1}^{a_{n-2}}$, $a_1 = 1$, $a_2 = 2$.

5. **a)** geometrische Folge mit $q = \frac{2}{3}$; **b)** $\frac{64}{729}$;

c) $s_5 = \dfrac{2}{3} \cdot \dfrac{1 - \left(\frac{2}{3}\right)^5}{1 - \frac{2}{3}} = \dfrac{2}{3} \cdot \dfrac{1 - \frac{32}{243}}{\frac{1}{3}} = \dfrac{2}{3} \cdot \dfrac{633}{243} = \dfrac{422}{243}$.

6. Allgemeine Formel zur Lösung des Problems:

$a_n = a + (n-1)d$, mit $\begin{cases} n = \text{Anzahl der Jahre} \\ a = \text{Anfangswert} \\ d = \text{jährlicher Zuwachs} \end{cases}$

$s_n = \dfrac{n(a + a_n)}{2}$.

a) Mit $n = 7$, $a = 200$ und $d = 50$ folgt:

$a_7 = 200 + 6 \cdot 50$, $s_7 = \frac{7(200+500)}{2} = 2.450$;

b) $a_{10} = 200 + 9 \cdot 50 = 650$.

7. $v_1 = 5$; $v_2 = -\frac{1}{2}$; $v_3 = \frac{28}{3}$; $v_4 = -\frac{11}{4}$; $v_5 = \frac{96}{5}$.

8. **a)** $\frac{20}{2}(3 + 60) = 630$; **b)** $\frac{10}{2}(7 + 43) = 250$.

9. a) $8 \cdot \frac{2^5 - 1}{2 - 1} = 8 \cdot 31 = 248$;

b) $4 \cdot \dfrac{1 - \left(\frac{1}{2}\right)^6}{1 - \frac{1}{2}} = 8 \cdot \left(1 - \frac{1}{64}\right) = 8 \cdot \frac{63}{64} = \frac{63}{8} = 7\frac{7}{8}$.

8.2   Grenzwerte von Folgen

1. a) $\lim\limits_{n \to \infty} \dfrac{2n + 1}{n} = \lim\limits_{n \to \infty} \left(2 + \dfrac{1}{n}\right) = 2 + \lim\limits_{n \to \infty} \dfrac{1}{n} = 2$;

b) Die Folge ist divergent.

2. a) $\lim\limits_{n \to \infty} \dfrac{7n^2 - 4n + 8}{5n^2 - 6n} = \lim\limits_{n \to \infty} \dfrac{7 - \frac{4}{n} + \frac{8}{n^2}}{5 - \frac{6}{n}} = \frac{7}{5} = 1{,}4$;

b) $\lim\limits_{n \to \infty} \left(3 - \dfrac{3}{n}\right) = 3 - \lim\limits_{n \to \infty} \dfrac{3}{n} = 3 - 0 = 3$.

3. Richtig: **b)**, **d)** .

4. $\frac{1}{6} : \frac{1}{2} = \frac{1}{3}$.

8.3   Grenzwerte von Reihen

1. Anfangsglied: $a = \frac{1}{3} \cdot 5 \cdot \frac{1}{9} = \frac{5}{27}$; $q = \frac{1}{3}$; $S = \frac{5}{27} \cdot \dfrac{1}{1 - \frac{1}{3}} = \frac{5}{18}$.

2. $\sum\limits_{i=2}^{\infty} \left(\frac{1}{4}\right)^{i-1} = \dfrac{\frac{1}{4}}{1 - \frac{1}{4}} = \dfrac{\frac{1}{4}}{\frac{3}{4}} = \frac{1}{3}$.

3. $\sum\limits_{n=0}^{\infty} (1 - a)^n = \dfrac{1}{1 - (1 - a)} = \dfrac{1}{a}$; $0 < a < 1$.

4. a) divergent ;   **b)** $\dfrac{\frac{1}{4}}{1 - \frac{1}{2}} = \frac{1}{2}$.

5. Richtig: **b)** .

6. $\sum\limits_{i=1}^{\infty} \left[\left(\frac{1}{6}\right)^{i-1} + \left(\frac{1}{11}\right)^i\right] = \sum\limits_{i=1}^{\infty} \left(\frac{1}{6}\right)^{i-1} + \sum\limits_{i=1}^{\infty} \left(\frac{1}{11}\right)^i$

$= \dfrac{1}{1 - \frac{1}{6}} + \dfrac{1}{11} \cdot \dfrac{1}{1 - \frac{1}{11}} = \frac{6}{5} + \frac{1}{10} = \frac{13}{10} = 1{,}3$.

7. $S = \sum\limits_{i=-2}^{\infty} 3 \left(\tfrac{1}{3}\right)^{i-2} + \sum\limits_{i=-2}^{\infty} 6 \left(\tfrac{1}{4}\right)^{i+1}$; $\quad q_1 = \tfrac{1}{3} \quad q_2 = \tfrac{1}{4}$

$a_1 = 3 \left(\tfrac{1}{3}\right)^{-4} = 3 \cdot 3^4 = 243$; $\quad a_2 = 6 \left(\tfrac{1}{4}\right)^{-1} = 6 \cdot 4 = 24$;

$S = \dfrac{243}{1 - \tfrac{1}{3}} + \dfrac{24}{1 - \tfrac{1}{4}} = \dfrac{729}{2} + 32 = 364{,}5 + 32 = 396{,}5$.

8. $\dfrac{1}{\tfrac{2}{3}} + \dfrac{16}{\tfrac{3}{4}} = \tfrac{3}{2} + \tfrac{64}{3} = \tfrac{137}{6} = 22\tfrac{5}{6}$.

8.4 Grenzwerte von Funktionen

1. a) $\lim\limits_{x\to-1} \dfrac{x^2 + 2x + 1}{x^2 - x - 2} = \lim\limits_{x\to-1} \dfrac{(x+1)(x+1)}{(x+1)(x-2)} = \lim\limits_{x\to-1} \dfrac{x+1}{x-2} = 0$;

b) Grenzwert existiert nicht.

2. $\lim\limits_{x\to1^+} \dfrac{x^2 - 3x + 2}{x - 1} = \lim\limits_{x\to1^+} (x - 2) = -1$

(nach Division durch den Nenner) .

3. a) $\lim\limits_{x\to1} \left(\dfrac{1}{x-1} - \dfrac{2}{x^2-1} \right) = \lim\limits_{x\to1} \dfrac{(x-1)}{(x+1)(x-1)} = \dfrac{1}{2}$;

b) $\lim\limits_{x\to3} \dfrac{x^2 - 9}{x^2 - 2x - 3} = \lim\limits_{x\to3} \dfrac{(x+3)(x-3)}{(x-3)(x+1)} = \lim\limits_{x\to3} \dfrac{x+3}{x+1} = \dfrac{3}{2}$;

c) $\lim\limits_{x\to0} \dfrac{x+1}{x^2-1} = -1$.

9 Finanzmathematik

9.1 Zinseszinsrechnung

1. $K_n = K_0 \cdot q^n = 6.000 \cdot 1{,}1^4 = 8.784{,}60$.

2. $K_0 = \dfrac{5.000}{1{,}1^3} = \dfrac{5.000}{1{,}331} = 3.756{,}57$.

3. $K_0 = \frac{500}{1,035} = 483,09$.

4. $K_0 = \frac{1.000}{1,07^2} = 873,44$.

5. $p = \left(\sqrt[3]{\frac{1200}{1000}} - 1 \right) \cdot 100 = \left(\sqrt[3]{1,2} - 1 \right) \cdot 100 = (1,06266 - 1) \cdot 100$

$\quad = 6,266$.

6. Zinsen für den Bankkredit: $\left(\frac{8,5}{12} \cdot 10 \right)\%$ von EUR 1.000 $= 70,83$

EUR. Zinsen für den Überziehungskredit:

1. Monat: $\frac{14}{12}$ % von 1.000 EUR

2. Monat: $\frac{14}{12}$ % von 900 EUR

$\dots$

Zinsen für den gesamten Kredit:

$$\sum_{i=0}^{9}(1.000 - 100i)\frac{14}{12 \cdot 100} = \frac{5.500 \cdot 14}{1.200} = 64,17 \text{ EUR}$$

Überziehungskredit ist günstiger!

7. $K_n = K_0 \left(1 + \frac{5}{100} \right)^5 \left(1 + \frac{10}{100} \right)^5 \overset{!}{=} K_0 \cdot q^{10}$, $\quad q = 1 + \frac{p}{100}$

$q = \sqrt[10]{1,05^5 \cdot 1,1^5}$; $\quad p = \left(\sqrt[10]{1,05^5 \cdot 1,1^5} - 1 \right) \cdot 100 = 7,47 \,[\%]$.

8. $n = \frac{\log 2}{\log 1,075} = 9,5844$, $\quad$ d.h. rund 9 Jahre und 7 Monate.

9.2 Unterjährige Verzinsung und stetige Verzinsung

1. a) $Z = \frac{2.000 \cdot 6}{100} \cdot 10 = 1.200$;

b) $K_n = 2.000 \left(1 + \frac{6}{200} \right)^{20} = 3.612,22$; $Z = K_n - 2.000 = 1.612,22$;

c) $K_n = 2.000 \cdot e^{0,6} = 3.644,24$; $\quad Z = K_n - 2.000 = 1.644,24$.

2. a) $K_4 = 5.000 \cdot 1,08^4 = 6.802,44$;

b) $K_4 = 5.000 \cdot \left(1 + \frac{8}{2 \cdot 100} \right)^8 = 5.000 \cdot 1,04^8 = 6.842,85$;

c) $K_4 = 5.000 \cdot \left(1 + \frac{8}{12 \cdot 100} \right)^{48} = 5.000 \cdot 1,00\bar{6}^{48} = 6.878,33$.

3. a) $K_5 = 500 \cdot 1,08^5 = 500 \cdot 1,46933 = 734,66$;

b) $K_n = K_0 e^{\frac{p}{100}n} = 500 \cdot e^{0,08 \cdot 5} = 500 \cdot 1,4918 = 745,91$.

9.3 Rentenrechnung

1. $K_0 = \dfrac{8.000}{1,06^2} = 7.119{,}97$; $\quad r = K_0 \dfrac{1,06^4(1,06-1)}{1,06^5-1} = 1.594{,}58$.

2. $K_{n1} = r\dfrac{q^n-1}{q-1} = 1.000 \cdot 1{,}06\dfrac{1,06^{10}-1}{0,06} = 13.971{,}64$

$K_{n2} = K_{n1}q^5 = 13.971{,}64 \cdot 1{,}06^5 = 18.697{,}21$

$r = \dfrac{25.000-18.697{,}21}{1,06}\dfrac{0,06}{1,06^5-1} = 1.054{,}80$.

3. a) $R_n = rq\dfrac{q^n-1}{q-1} = 1.000 \cdot 1{,}05\dfrac{1,05^{18}-1}{0,05} = 29.539{,}00$;

b) $r = \dfrac{R_n}{q}\dfrac{q-1}{q^n-1} = \dfrac{36.000}{1,05} \cdot \dfrac{0,05}{1,05^{18}-1} = 1.218{,}73$

oder einfacher: $r = 1.000 \cdot \frac{36.000}{29.539}$.

4. $K_3 = 1.000 \cdot 1{,}05^3 + 500 \cdot 1{,}05^2 + 2.000 \cdot 1{,}05 = 3.808{,}88$

$r = \dfrac{K_3}{1,05}\dfrac{1,05-1}{1,05^3-1} = 1.150{,}68$.

5. Es ist $n = 5$; $\quad q = 1{,}04$; $\quad R_n = 10.000$;

$r = 10.000 \cdot \dfrac{1,04-1}{1,04^5-1} = 10.000 \cdot \dfrac{0,04}{1,2167-1} = 1.846{,}27$.

6. 1) Nachschüssig: $r = 10.000\dfrac{0,4}{1,04^4-1} = 2.354{,}90$;

2) Vorschüssig: $r = 10.000\dfrac{0,04}{1,04\,(1,04^4-1)} = 2.264{,}33$.

7. Es ist $n = 8$; $q = 1{,}07$; $r = 1.500$;

$R_n = 1.500 \cdot \dfrac{1,07^8-1}{1,07-1} = 1.500 \cdot \dfrac{1,7182-1}{0,07} = 1.500 \cdot 10{,}2598$

$= 15.389{,}70$.

8. $R_0^* = \dfrac{5.000}{1,05^{14}} \cdot \dfrac{1,05^{15}-1}{1,05-1} = 54.493{,}20$;

$K_0 = \dfrac{75.000}{1,03^3} = 68.635{,}62 \quad$ Differenz: $14.142{,}42$.

9.4 Tilgungsrechnung

1.

Jahr	Restschuld am Jahresanfang	Tilgungsrate	Zinsen 6%	Annuität
1	200.000	25.000	12.000	37.000
2	175.000	25.000	10.500	35.500
3	150.000	25.000	9.000	34.000
4	125.000	25.000	7.500	32.500
5	100.000	25.000	6.000	31.000
6	75.000	25.000	4.500	29.500
7	50.000	25.000	3.000	28.000
8	25.000	25.000	1.500	26.500

2. $A = 5.092,61$

3. Angebot A: $\frac{100.000 \cdot 6,25}{96 \cdot 12} = \frac{6.510,41}{12} = 542,53$;

Angebot B: $\frac{100.000 \cdot 7,0}{100 \cdot 12} = \frac{7.000}{12}$;

Angebot A bietet die niedrigere monatliche Belastung.

10 Differentiation von Funktionen mit einer unabhängigen Variablen

10.1 Die erste Ableitung einer Funktion

1.

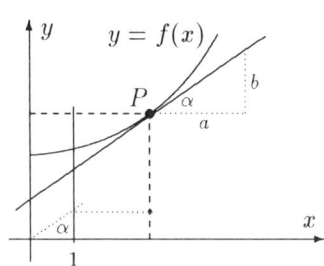

a) Die 1. Ableitung gibt die Steigung der Funktion im Punkt P an. Sie entspricht der Steigung der Tangente an die Funktion im Punkt P.

b) Die Steigung der Tangente ist definiert als: $\tan\alpha = b/a$. Wird a als Maßeinheit gewählt ($a = 1$), so gibt die Strecke b die Steigung der Tangente und damit den Wert der 1. Ableitung im Punkt P an.

2.

$$\frac{\Delta y}{\Delta x} = \frac{(x + \Delta x)^4 - x^4}{\Delta x}$$

$$= \frac{x^4 + 4x^3\Delta x + 6x^2(\Delta x)^2 + 4x(\Delta x)^3 + (\Delta x)^4 - x^4}{\Delta x}$$

$$= 4x^3 + 6x^2\Delta x + 4x(\Delta x)^2 + (\Delta x)^3$$

$$\lim_{x\to 0}\frac{\Delta y}{\Delta x} = \lim_{x\to 0}\left(4x^3 + 6x^2\Delta x + 4x(\Delta x)^2 + (\Delta x)^3\right) = 4x^3 \ .$$

3. **b)** und **d)** sind richtig.

4.

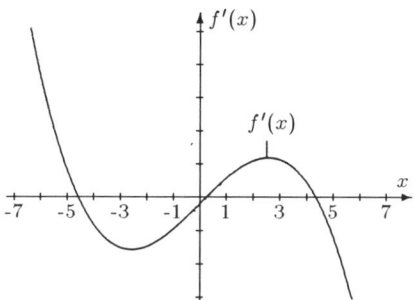

10.2 Die erste Ableitung elementarer Funktionen und Differentiationsregeln

1. **a)** $y' = 18x^{17}$;   **b)** $y' = \dfrac{1}{4\sqrt[4]{x^3}}$;   **c)** $y' = \dfrac{7}{4}\sqrt[4]{x^3}$;

   d) $y' = -\dfrac{5}{x^6}$;   **e)** $y' = -\dfrac{1}{2\sqrt{x^3}}$;   **f)** $y' = -\dfrac{7}{4\sqrt[4]{x^{11}}}$.

2. a) $y' = 4x + 4$;   **b)** $y' = 3x^2 + e^x$;   **c)** $y' = \dfrac{1}{x} + 4x^3$;

   d) $y' = -4x^{-3} = -\dfrac{4}{x^3}$;   **e)** $y' = \dfrac{1}{3\sqrt[3]{x^2}}$;   **f)** $y' = \dfrac{5}{4}x^{\frac{1}{4}} = \dfrac{5}{4}\sqrt[4]{x}$.

3. a) $y' = 4x\ln x + 2x$;   **b)** $y' = \dfrac{6x^2 - 2x^3 - x + 1}{e^x}$;

   c) $y' = \dfrac{-x^2 - 6x - 4}{\left(x^2 - 4\right)^2}$;   **d)** $y' = 20x + 1$;

   e) $y' = xe^{-x}(2 - x)$;   **f)** $y' = \dfrac{19}{3}x^5\sqrt[3]{x}$.

4. a) $y' = \dfrac{1}{2\sqrt{x-1}}$;   **b)** $y' = 3(x + 5)^2$;

   c) $y' = \dfrac{3x^2 - 8x}{x^3 - 4x^2}$;   **d)** $y' = 3x^2 e^{x^3}\ln x + \dfrac{e^{x^3}}{x}$;

   e) $y' = (2\ln x + 2)x^{2x}$;   **f)** $y' = \dfrac{-4(x + 1)}{(x - 1)^3}$;

   g) $y' = (2x\ln x + x)x^{x^2}$;   **h)** $y' = \dfrac{3}{5x}$.

5. a) $y' = \ln x^2 + 2x^2 \cdot \dfrac{1}{x^2} - 2 = \ln x^2$;

   b) $y' = -2e^{-2x}\sqrt{x^2 + 2} + e^{-2x}\dfrac{x}{\sqrt{x^2 + 2}}$;   **c)** $y' = \dfrac{2}{x + 3}$.

6. $U = 100x - 2x^2$, $U' = 100 - 4x$.

7. a) $K' = \dfrac{18}{1 + 3x}$;   **b)** $K'(6) = \dfrac{18}{19}$.

10.3   Höhere Ableitungen

1. $y' = 20x^3 + \dfrac{1}{x} + e^x$; $y'' = 60x^2 - \dfrac{1}{x^2} + e^x$; $y''' = 120x + \dfrac{2}{x^3} + e^x$.

2. $y' = 2e^x - 2x$; $y'' = 2e^x - 2$.

3. $y' = \ln a \cdot 2x \cdot a^{x^2}$; $y'' = \ln a \cdot 2a^{x^2} + \ln a \cdot 2x \cdot \ln a \cdot 2x \cdot a^{x^2}$.

10.4   Regel von de l'HOSPITAL

1. a) $\displaystyle\lim_{x \to 0}\dfrac{e^x - x - 1}{x^2} = \lim_{x \to 0}\dfrac{e^x - 1}{2x} = \lim_{x \to 0}\dfrac{e^x}{2} = \dfrac{1}{2}$;

b) $\lim\limits_{x \to 2} \dfrac{x^2 - 3x + 2}{x - 2} = \lim\limits_{x \to 2} \dfrac{2x - 3}{1} = 1$;

c) $\lim\limits_{x \to \infty} \dfrac{\sqrt{x} + 2x}{x} = \lim\limits_{x \to \infty} \dfrac{\frac{1}{2\sqrt{x}} + 2}{1} = 2$.

2. a) $\lim\limits_{x \to 2} \dfrac{2x - 4}{3x^2 - 12} = \lim\limits_{x \to 2} \dfrac{2}{6x} = \dfrac{1}{6}$;

b) $\lim\limits_{x \to 0} x^3 \ln x^2 = \lim\limits_{x \to 0} \dfrac{\ln x^2}{\frac{1}{x^3}} = \lim\limits_{x \to 0} \dfrac{\frac{2x}{x^2}}{-\frac{3}{x^4}} = \lim\limits_{x \to 0} \left(-\dfrac{2x^5}{3x^2} \right) = 0$.

3. $\lim\limits_{x \to 2+} \dfrac{\sqrt{x} - \sqrt{2}}{\sqrt{x - 2}} = \lim\limits_{x \to 2+} \dfrac{\sqrt{x - 2}}{\sqrt{x}} = 0$.

4. a) Der Grenzwert existiert nicht ;

b) $\lim\limits_{x \to 4} \dfrac{x^2 - 16}{x - 4} = \lim\limits_{x \to 4} \dfrac{2x}{1} = 8$.

11 Anwendung der Differentialrechnung zur Untersuchung von Funktionen

1. Untersuche auf Extremwerte:

$y' = 2x^2 - 8x + 6 \overset{!}{=} 0$; $x^2 - 4x + 3 = 0$; $x_1 = 3$ und $x_2 = 1$

$y'' = 4x - 8$

$f''(3) = 12 - 8 = 4 > 0 \Rightarrow$ Minimum bei $x_1 = 3$

$f''(1) = 4 - 8 = -4 < 0 \Rightarrow$ Maximum bei $x_2 = 1$

$y'' = 4x - 8 \overset{!}{=} 0 \Rightarrow x_3 = 2$

$y''' = 4 \neq 0 \Rightarrow$ Wendepunkt bei $x_3 = 2$

konkaver Bereich: Bedingung für Konkavität: $f'' < 0$

$y'' = 4x - 8 < 0 \Rightarrow 4x < 8 \Rightarrow x < 2$

Die Funktion ist konkav von unten für $x < 2$

konvexer Bereich: Bedingung für Konvexität: $f'' > 0$

$y'' = 4x - 8 > 0 \Rightarrow 4x > 8 \Rightarrow x > 2$

Die Funktion ist konvex von unten für $x > 2$.

2. **a)** Nullstellen bei $x_1 = 0$; $x_2 = 4{,}854$; $x_3 = -1{,}854$;

   b) $y' = \frac{1}{2}x^2 - x - \frac{3}{2} \Rightarrow x_4 = 3$; $x_5 = -1$

     $y'' = x - 1$

     $f''(3) = 2 > 0 \Rightarrow$ Minimum bei $x_4 = 3$

     $f''(-1) = -2 < 0 \Rightarrow$ Maximum bei $x_5 = -1$;

   c) $y'' = x - 1 = 0 \Rightarrow x_6 = 1$

     $y''' = 1$; $f'''(1) = 1 \neq 0 \Rightarrow$ Wendepunkt bei $x_6 = 1$.

3. **a)** $x^2 = z$ $z^2 - 8z - 9 = 0 \Rightarrow z_1 = 9$, $z_2 = -1$

     $x^2 = 9 \Rightarrow x_1 = +3$, $x_2 = -3$;

   b) $y' = 4x^3 - 16x \stackrel{!}{=} 0 \Rightarrow x_3 = 0$, $x_4 = +2$, $x_5 = -2$

     $y'' = 12x^2 - 16$; $f''(0) = -16 < 0 \Rightarrow$ Maximum bei $x_3 = 0$

     $f''(2) = f''(-2) = 32 > 0 \Rightarrow$ Minima bei $x_4 = 2$ und $x_5 = -2$;

   c) $y'' = 12x^2 - 16 \stackrel{!}{=} 0 \Rightarrow x_6 = \sqrt{\frac{4}{3}}$, $x_7 = -\sqrt{\frac{4}{3}}$

     $y''' = 24x$; $f'''\left(\sqrt{\frac{4}{3}}\right) \neq 0$ und $f'''\left(-\sqrt{\frac{4}{3}}\right) \neq 0$, also Wende-

     punkte bei x_6 und x_7 ;

   d) $y' = 4x^3 - 16x = 4x\left(x^2 - 4\right) > 0 \Rightarrow f$ ist streng monoton

     steigend für $-2 < x < 0$ und $2 < x$.

4. $y = x^6 - 6x^4$

   $y' = 6x^5 - 24x^3 = 0 \Rightarrow x_1 = 0$; $x_2 = -2$; $x_3 = +2$

   $y'' = 30x^4 - 72x^2$; $f''(0) = 0$

   $f''(-2) = f''(+2) = 30 \cdot 16 - 72 \cdot 4 = 480 - 288 = 192 > 0$.

   Also: Minima bei $x_2 = -2$ und bei $x_3 = +2$

   $y''' = 120x^3 - 144x$; $f'''(0) = 0$

   $y'''' = 360x^2 - 144$; $f''''(0) = -144 < 0$.

   Also: Maximum bei $x_1 = 0$

   $y'' = 30x^4 - 72x^2 = 0 \Rightarrow x_1 = 0$; $x_4 = -\sqrt{\frac{12}{5}}$; $x_5 = \sqrt{\frac{12}{5}}$

   $y''' = 120x^3 - 144x = 24x\left(5x^2 - 6\right)$

   $f'''\left(-\sqrt{\frac{12}{5}}\right) = -24\sqrt{\frac{12}{5}}\left(12 - 6\right) = -144\sqrt{\frac{12}{5}} \neq 0$

   $f'''\left(\sqrt{\frac{12}{5}}\right) = 24\sqrt{\frac{12}{5}}\left(12 - 6\right) = 144\sqrt{\frac{12}{5}} \neq 0$.

   Also: Wendepunkte bei $x_4 = -\sqrt{\frac{12}{5}}$ und $x_5 = \sqrt{\frac{12}{5}}$.

5. a) x_0: Sattelpunkt ;

b) x_1: Extremwert ;

c) x_2: Keine besondere Aussage ;

d) $f'''(x_0) = 0$.

6. Bei x_0 liegt kein Extremwert. Bei x_0 liegt ein Wendepunkt.

7. a) $E(x) = px = 54x$;

b) $G(x) = E(x) - K(x) = -x^3 + 15x^2 - 27x - 20$

$G'(x) = -3x^2 + 30x - 27 \stackrel{!}{=} 0 \Rightarrow x_1 = 1 , x_2 = 9$;

$G''(x) = -6x + 30 ; G''(1) = 24 > 0 , G''(9) = -24 < 0$

Maximum bei $x_2 = 9 , G(9) = 223$;

c) $K'(x) = 3x^2 - 30x + 81 \Rightarrow$ Min

$K''(x) = 6x - 30 \stackrel{!}{=} 0 \Rightarrow x_3 = 5$

$K'''(5) > 0 \Rightarrow$ Minimum der Grenzkosten bei $x = 5$

$K'(5) = 6$

$k(x) = x^2 - 15x + 81 + \dfrac{20}{x}$; $k(5) = 35$.

8. a) Eine Funktion ist streng monoton steigend, wenn gilt:

$f'(x) > 0$ für alle x

$f'(x) = 3x^2 + 1$

(1) $3x^2 \geq 0$ für alle x ; (2) $1 > 0$

Aus (1) und (2) folgt: $f'(x) > 0$ für alle x. Die Funktion ist also streng monoton steigend.

b) $x_1 < x_2 \Rightarrow x_1^3 < x_2^3 \Rightarrow x_1^3 + x_1 < x_2^3 + x_2 \Rightarrow f(x_1) < f(x_2)$.

Die Funktion ist also streng monoton steigend.

9. $y' = 1 - \dfrac{1}{x^2}$, $y'' = \dfrac{2}{x^3} > 0$ für $x > 0$ und $y'' < 0$ für $x < 0$. Die Funktion ist also konvex für $x > 0$ und konkav für $x < 0$.

10. $y' = -2e^{-2x} + 2 = 0 \Rightarrow e^{-2x} = 1 \Rightarrow x = 0$

$y'' = 4e^{-2x} ; f''(0) = 4e^{-2 \cdot 0} = 4 > 0 \Rightarrow$ Min bei $x = 0$

$y'' = 4e^{-2x} \neq 0$ für alle $x \Rightarrow$ kein Wendepunkt

$y' = -2e^{-2x} + 2 \stackrel{<}{>} 0 \Rightarrow e^{-2x} \stackrel{>}{<} 1$

$\Rightarrow y' < 0$ für $x > 0$ und $y' > 0$ für $x < 0$

Die Funktion ist also fallend für $x < 0$ und steigend für $x > 0$.

11. a) $y' = e^x - 1 = 0 \Rightarrow e^x = 1 \Rightarrow x = 0$

  $y'' = e^x$; $f''(0) = e^0 = 1 \Rightarrow$ Minimum bei $x = 0$

b) $y' = e^x - 1 > 0 \Rightarrow e^x > 1 \Rightarrow x > 0$

  $< 0 \Rightarrow e^x < 1 \Rightarrow x < 0$

streng monoton steigend für $x > 0$

streng monoton steigend für $x < 0$.

12. $E(x) = px = 6x - \dfrac{x^2}{2}$;

  $G(x) = E(x) - K(x) = 6x - \dfrac{x^2}{2} - 2x^2 + 14x - 25 = -\dfrac{5}{2}x^2 + 20x - 25$

a) $E' = 6 - x \stackrel{!}{=} 0 \Rightarrow x = 6$

  $E'' = -1$ $\qquad\qquad\qquad$ Maximum bei $x = 6$;

b) $G' = 20 - 5x = 0 \Rightarrow x = 4$

  $G'' = -5$ $\qquad\qquad\qquad$ Maximum bei $x = 4$;

c) $C : (4, 4)$;

d) $K' = 4x - 14 < 0 \Rightarrow x < 3{,}5 \qquad D(K) = \{x \mid 3{,}5 \leq x\}$.

13. $y' = x^2 + 2ax + b > 0$

  $x^2 + 2ax + b = 0 \Rightarrow x = -a \pm \sqrt{a^2 - b}$

  $x^2 + 2ax + b > 0 \Rightarrow a^2 - b < 0 \Rightarrow a^2 < b$

Bedingungen: (1) $a^2 < b$ und (2) c beliebig.

14. (1) Randextremwerte; (2) nicht differenzierbare Stelle;

  (3) Definitionsbereich enthält nur abzählbar viele Werte.

15. a) $k = ax^{b-1} + \dfrac{c}{x}$;   **b)** $K' = abx^{b-1}$;

c) $k = K' \Rightarrow ax^{b-1} + \dfrac{c}{x} = abx^{b-1}$

  $\Rightarrow x^b = \dfrac{c}{ab - a} \Rightarrow x = \left(\dfrac{c}{ab - a}\right)^{1/b}$.

16. a) $y' = \dfrac{1}{10} - \dfrac{250}{x^2} = 0 \Rightarrow x^2 = 2.500 \Rightarrow x = 50$

  $x = -50$ scheidet als Lösung aus

  $y'' = +\dfrac{500}{x^3} > 0 \Rightarrow$ Minimum bei $x = 50\,\mathrm{km/h}$;

b) $K = 7{,}5 \cdot \dfrac{600}{x} + 40 + 6 \cdot \left(\dfrac{x}{10} - 5 + \dfrac{250}{x}\right)$;

c) $K' = -7{,}5 \cdot \dfrac{600}{x^2} + \dfrac{6}{10} - 6 \cdot \dfrac{250}{x^2} = -\dfrac{6.000}{x^2} + \dfrac{6}{10}$

$K' = 0 \Rightarrow x^2 = 10.000$; $x = 100$

$K'' = \dfrac{12.000}{x^3} > 0 \Rightarrow$ Minimum bei $x = 100\,\text{km/h}$.

17. $G(p) = E(p) - K(p) = 2.000p - 10p^2 - (5.000 + 40(2.000 - 10p))$

       $= -10p^2 + 2.400p - 85.000$

$\dfrac{dG}{dp} = -20p + 2.400 = 0 \Rightarrow p = 120$

$\dfrac{d^2 G}{dp^2} = -20 \Rightarrow$ Maximum bei $p = 120$

$G_{\max} = -10 \cdot 120^2 + 2.400 \cdot 120 - 85.000 = 59.000$

18. a) Erlösfunktion: $E(x) = 50x - 4x^2$;

   b) Gewinnfunktion: $G(x) = -0{,}2x^3 + 60x - 10$;

   c) Produktionsmenge mit maximalem Gewinn:

       $G' = -0{,}6x^2 + 60 \overset{!}{=} 0 \Rightarrow x^2 = 100 \Rightarrow x_1 = 10$

       $G'' = -1{,}2x$, $G''(10) < 0$

       maximaler Gewinn bei $x = 10$ (Mengeneinheiten)

       $G_{\max} = 390$ (Geldeinheiten).

12   Partielle Differentiation

12.1   Partielle Ableitungen erster Ordnung

1. $\dfrac{\partial z}{\partial x} = 2x - 2 + 2xy^2$; $\dfrac{\partial z}{\partial y} = 6y + 2x^2 y$.

2. $f'_x = 3x^2 yz^2 + 4xy^2 z$; $f'_y = x^3 z^2 + 4x^2 yz$;

   $f'_z = 2x^3 yz + 2x^2 y^2 + 15z^2$.

3. a) $z'_x = -2{,}25 x^{-1{,}25} y^{1{,}25}$; $z'_y = 11{,}25 x^{-0{,}25} y^{0{,}25}$.

   b) $r = -\tfrac{1}{4} + \tfrac{5}{4} = 1$;

   c) $18 = 9x^{-0{,}25} y^{1{,}25} \Rightarrow x = \tfrac{1}{16} y^5 , y > 0$.

4. **a)** $\dfrac{\partial z}{\partial x} = 2x \ln y + \dfrac{y^2}{x} + y$; $\dfrac{\partial z}{\partial y} = \dfrac{x^2}{y} + 2y \ln x + x$;

   b) $\dfrac{\partial z}{\partial x} = \dfrac{1}{y^2} + 4x^3 e^y$; $\dfrac{\partial z}{\partial y} = -\dfrac{2x}{y^3} + x^4 e^y$;

   c) $\dfrac{\partial z}{\partial x} = e^{x+y^2} x^2 + 2x e^{x+y^2} + \dfrac{2y}{x} = e^{x+y^2}(x+2)x + \dfrac{2y}{x}$;

   $\dfrac{\partial z}{\partial y} = 2y e^{x+y^2} x^2 + \ln x^2$;

   d) $\dfrac{\partial z}{\partial x} = 3(x+7)^2(y+1)^2$; $\dfrac{\partial z}{\partial y} = 2(x+7)^3(y+1)$;

   e) $\dfrac{\partial z}{\partial x} = -\dfrac{y e^x}{(1+e^x)^2}$; $\dfrac{\partial z}{\partial y} = \dfrac{1}{1+e^x}$.

12.2 Partielle Ableitungen höherer Ordnung

1. $f'_x = 2xy + 2xz$; $f''_{xx} = 2y + 2z$; $f''_{xy} = f''_{yx} = 2x$;
   $f'_y = x^2$; $f''_{yy} = 0$; $f''_{xz} = f''_{zx} = 2x$;
   $f'_z = x^2 + 4z$; $f''_{zz} = 4$; $f''_{yz} = f''_{zy} = 0$.

2. $f'_x = 2xy + 2xz$; $f''_{xx} = 2y + 2z$; $f''_{xz} = f''_{zx} = 2x$;
   $f'_y = x^2 + 2z^2$; $f''_{yy} = 0$; $f''_{xy} = f''_{yx} = 2x$;
   $f'_z = x^2 + 4yz + 3$; $f''_{zz} = 4y$; $f''_{zy} = f''_{yz} = 4z$.

3. $f'_x = z + y + 2$; $f''_{xx} = 0$; $f''_{xy} = f''_{yx} = 1$;
   $f'_y = x + z + 2$; $f''_{yy} = 0$; $f''_{yz} = f''_{zy} = 1$;
   $f'_z = x + y + 2$; $f''_{zz} = 0$; $f''_{xz} = f''_{zx} = 1$.

12.3 Differentiation impliziter Funktionen

1. $\dfrac{\mathrm{d}y}{\mathrm{d}x} = -\dfrac{\dfrac{\partial z}{\partial x}}{\dfrac{\partial z}{\partial y}} = -\dfrac{2x+y}{x+2y}$.

2. $\dfrac{dy}{dx} = -\dfrac{\dfrac{\partial z}{\partial x}}{\dfrac{\partial z}{\partial y}} = -\dfrac{3x^2 + 2xy + 2y}{x^2 + 2x}$.

3. $\dfrac{dy}{dx} = -\dfrac{e^x y + y^2 + 6xy}{e^x + 2xy + 3x^2}$.

4. $\dfrac{dy}{dx} = -\dfrac{\dfrac{\partial z}{\partial x}}{\dfrac{\partial z}{\partial y}} = -\dfrac{-2x \ln y^2 + \frac{2y^2}{x}}{-\frac{2x^2}{y} + 2y \ln x^2}$.

12.4 Ökonomische Anwendungen der partiellen Differentiation

1. $\dfrac{\partial x}{\partial r_1} = 8r_1 - 12r_2$; $\qquad \dfrac{\partial x}{\partial r_2} = 10r_2 - 12r_1$.

2. a) $\dfrac{\partial c}{\partial y} = \dfrac{2}{\sqrt{y}} - 1$; **b)** $\dfrac{2}{\sqrt{y}} - 1 > 0 \Rightarrow 0 \leq y < 4$;

c) $4 = 0{,}5\,p_K + 0{,}25\,p_T$.

3. $\dfrac{\partial x}{\partial r_1} = 2r_1 r_2 r_3^2 - 20r_1 r_3^3$; $\qquad \dfrac{\partial x}{\partial r_2} = r_1^2 r_3^3 + r_3$;

$\dfrac{\partial x}{\partial r_3} = 2r_1^2 r_2 r_3 + r_2 - 30r_1^2 r_3^2$.

13 Extremwerte bei Funktionen mit mehreren unabhängigen Variablen

13.1 Extremwerte bei zwei unabhängigen Variablen

1. $z'_x = 3x^2 + 6xy + 3y^2 - 48 = 0$; $z'_y = 3x^2 + 6xy = 0$;

$z'_x - z'_y \Rightarrow 3y^2 - 48 = 0 \Rightarrow y_1 = 4,\ y_2 = -4$

$y_1 = 4 \Rightarrow x(x + 8) = 0 \Rightarrow x_1 = 0,\ x_2 = -8$

$y_2 = -4 \Rightarrow x(x - 8) = 0 \Rightarrow x_3 = 0,\ x_4 = 8$

x	y	z''_{xx} $=6x+6y$	z''_{yy} $=6x$	$z''_{xx}z''_{yy}$		$\left(z''_{xy}\right)^2$	z''_{xy} $=6x+6y$	
0	4	24	0	0	$<$	24^2	24	
-8	4	-24	-48	$(-24)\cdot(-48)$	$>$	24^2	-24	Max.
0	-4	-24	0	0	$<$	24^2	-24	
8	-4	+24	+48	$24\cdot 48$	$>$	24^2	24	Min.

2. $z'_x = 4xy + 2y^2 + 2y = 0$; $z'_y = 2x^2 + 4xy + 2x + 2y^2 + 2y - 4 = 0$

$z'_y - z'_x = 2x^2 + 2x - 4 = 0$

$x_1 = 1$; $x_2 = -2$

$x_1 = 1 : 4y + 2y^2 + 2y = 0 \Rightarrow y_1 = 0$ und $y_2 = -3$

$x_2 = -2 : -8y + 2y^2 + 2y = 0 \Rightarrow y_3 = 0$ und $y_4 = 3$

$z''_{xx} = 4y$; $z''_{xy} = 4x + 4y + 2 = z''_{yy}$

(x, y)	z''_{xx}	z''_{yy}	$z''_{xx}z''_{yy}$		$\left(z''_{xy}\right)^2$	
$(1, 0)$	0	6	0	$<$	36	Sattelpunkt
$(-2, 0)$	0	-6	0	$<$	36	Sattelpunkt
$(-2, 3)$	12	6	72	$>$	36	Minimum
$(1, -3)$	-12	-6	72	$>$	36	Maximum

3. $G'_{x_1} = 14 - 2x_1 + x_2$; $G'_{x_2} = 28 - 4x_2 + x_1$

Aus $G'_{x_1} = G'_{x_2} = 0 \Rightarrow \begin{cases} x_1 = -28 + 4x_2 & x_2 = 10 \\ 2x_1 = 14 + x_2 & x_1 = 12 \end{cases}$

$G''_{x_1 x_1} = -2$; $G''_{x_1 x_2} = G''_{x_2 x_1} = 1$; $G''_{x_2 x_2} = -4$.

Aus $G''_{x_1 x_1} G''_{x_2 x_2} = (-2)(-4) > \left(G''_{x_1 x_2} \right)^2 = 1$; $G''_{x_1 x_1} = -2 < 0$
folgt:

Bei $(x_1, x_2) = (12, 10)$ liegt ein Maximum.

4. $z'_x = 4x^3 - 8x = 0 \Rightarrow x_1 = 0$; $x_2 = +\sqrt{2}$; $x_3 = -\sqrt{2}$

$z'_y = 6 + 2y = 0 \Rightarrow y = -3$

$z''_{xx} = 12x^2 - 8$; $z''_{yy} = 2$; $z''_{xy} = 0$

$(0, -3)$: $z''_{xx} z''_{yy} = -16 < 0 = z''_{xy}{}^2 \Rightarrow$ Sattelpunkt

$(\sqrt{2}, -3)$: $z''_{xx} z''_{yy} = 32 > 0 = z''_{xy}{}^2 \Rightarrow$ Minimum

$(-\sqrt{2}, -3)$: $z''_{xx} z''_{yy} = 32 > 0 = z''_{xy}{}^2 \Rightarrow$ Minimum.

5. Die richtigen Folgerungen sind:

A: Maximum

B: Keine sichere Aussage möglich

C: Widerspruch

D: Kein Extremwert

E: Minimum.

6. $z'_x = 3x^2 - 27 \overset{!}{=} 0 \Rightarrow x_{1,2} = \pm 3$; $z'_y = 2y - 4 \overset{!}{=} 0 \Rightarrow y = 2$

(x, y)	z''_{xx} $= 6x$	z''_{yy} $= 2$	$z''_{xx} z''_{yy}$	$\begin{matrix}<\\=\\>\end{matrix}$	$\left(z''_{xy}\right)^2$	z''_{xy} $= 0$
$(3, 2)$	18	2	36	$>$	0	0
$(-3, 2)$	-18	2	-36	$<$	0	0

Bei $(-3, 2)$ existiert kein Extremwert (Sattelpunkt).
Bei $(3, 2)$ existiert ein Minimum.

13.2 Extremwerte unter Nebenbedingungen

1. a) $z_L = x^2 + 2xy + \lambda(-1{,}5x - y + 6)$

$$\frac{\partial z_L}{\partial y} = 2x - \lambda = 0 \Rightarrow x = \frac{\lambda}{2}$$

$$\frac{\partial z_L}{\partial x} = 2x + 2y - 1{,}5\lambda = 0 \Rightarrow y = 0{,}25\lambda$$

$$\frac{\partial z}{\partial \lambda} = -1{,}5x - y + 6 = 0 \Rightarrow \lambda = 6 \Rightarrow x = 3,\ y = 1{,}5$$

b) $z = x^2 + 2x(-1{,}5x + 6) = -2x^2 + 12x$

$$\frac{\mathrm{d}z}{\mathrm{d}x} = -4x + 12 = 0 \Rightarrow x = 3 \Rightarrow y = 1{,}5$$

$$\frac{\mathrm{d}^2 z}{\mathrm{d}x^2} = -4 < 0 \Rightarrow \text{Maximum bei } (3; 1{,}5)\ .$$

2. $f(x, y, \lambda) = 3xy + \lambda\left(18 - x^2 - y^2\right)$

$$\left.\begin{array}{l} f'_x = 3y - 2\lambda x = 0 \Rightarrow y = \frac{2}{3}\lambda x \\[2mm] f'_y = 3x - 2\lambda y = 0 \Rightarrow y = \dfrac{3x}{2\lambda} \end{array}\right\} \Rightarrow \lambda^2 = \frac{9}{4} \Rightarrow y^2 = x^2$$

$f'_\lambda = 18 - x^2 - y^2 = 0 \Rightarrow x^2 = 9\ ;\ x_{1,2} = \pm 3\ ;\ y_1 = x\ ;\ y_2 = -x\ ;$

$y = \pm 3$

$(3, 3)\ ;\ (3, -3)\ ;\ (-3, 3)\ ;\ (-3, -3)\ .$

3. $f_L = x^2 y^2 z^2 + \lambda(18 - 2x - 2y - 2z)$

$$\left.\begin{array}{l} \dfrac{\partial f_L}{\partial x} = 2xy^2 z^2 - 2\lambda = 0 \\[3mm] \dfrac{\partial f_L}{\partial y} = 2yx^2 z^2 - 2\lambda = 0 \\[3mm] \dfrac{\partial f_L}{\partial z} = 2zx^2 y^2 - 2\lambda = 0 \end{array}\right\} \Rightarrow x = y = z$$

$$\frac{\partial f_L}{\partial \lambda} = 18 - 2x - 2y - 2z = 0 \Rightarrow x = y = z = 3$$

Ergebnis: $x = y = z = 3$, $\lambda = 243$

<u>Bedeutung des Multiplikators:</u> Wird das absolute Glied der Neben-
bedingung um 1 Einheit geändert, so ändert sich der optimale Funk-
tionswert um $\lambda = 243$.

4. $y = xy + 3x \Rightarrow xy - y = -3x$

$z = 4x^3 - 3x + 2$

$z' = 12x^2 - 3 = 0 \Rightarrow x^2 = 0{,}25 \; ; \; x_1 = -0{,}5 \; ; \; x_2 = 0{,}5$

$z'' = 24x \; ; \; z''(0{,}5) = 12 > 0 \; ; \; z''(-0{,}5) = -12 < 0$

Minimum bei $(0{,}5; 3)$; Maximum bei $(-0{,}5; -1)$.

13.3   Ökonomische Anwendungen

1. $K_L = 4r_1 + 12r_2 + \lambda \left(80 - 20r_1^{0,25} r_2^{0,75} \right)$

$$\left. \begin{aligned} \frac{\partial K}{\partial r_1} &= 4 - \lambda 5 r_1^{-0,75} r_2^{0,75} = 0 \quad \Rightarrow \lambda = \frac{4r_1^{0,75}}{5r_2^{0,75}} \\[2mm] \frac{\partial K}{\partial r_2} &= 12 - \lambda 15 r_1^{0,25} r_2^{-0,25} = 0 \Rightarrow \lambda = \frac{12r_2^{0,25}}{15r_1^{0,25}} \end{aligned} \right\} \Rightarrow r_1 = r_2$$

$$\frac{\partial K}{\partial \lambda} = 80 - 20r_1^{0,25} r_2^{0,75} = 0 \Rightarrow 80 - 20r_1 = 0 \Rightarrow r_1 = 4 = r_2$$

2. a) Minimiere $O = a^2 + 4ah$ (Zielfunktion) unter der Bedingung $V = a^2 h = 4$ (Nebenbedingung)

    I. Einsetzungsverfahren (Substitution)

    II. Lagrangesche Multiplikatoren-Methode

b) Lösung mit Hilfe von I:

$O = a^2 + \dfrac{16}{a}$; $O' = 2a - \dfrac{16}{a^2} \Rightarrow a = 2$; $O''(2) > 0 \Rightarrow$ Minimum

$h = \frac{4}{a^2} = 1$

Lösung: $a_{min} = 2m$ $h_{min} = 1m$ ($O_{min} = 12m^2$ bei $V = 4m^3$) .

Der Blechverbrauch ist minimal, wenn die Höhe der Container halb so groß wie die Kantenlänge ist.

3. $K_L = 6r_1 + 12r_2 + \lambda\left(80 - 5r_1^2 r_2\right)$

$$\left.\begin{array}{l} \dfrac{\partial K_L}{\partial r_1} = 6 - 10\lambda r_1 r_2 = 0 \Rightarrow \lambda = \dfrac{6}{10 r_1 r_2} \\[4mm] \dfrac{\partial K_L}{\partial r_2} = 12 - 5\lambda r_1^2 = 0 \Rightarrow \lambda = \dfrac{12}{5 r_1^2} \end{array}\right\} r_1 = 4r_2$$

$$\frac{\partial K_L}{\partial \lambda} = 80 - 5r_1^2 r_2 = 0 \Rightarrow 80 - 80 r_2^3 = 0 \Rightarrow r_2 = 1$$

$r_1 = 4,\ r_2 = 1,\ \lambda = 0{,}15$
Minimalkombination bei $(4, 1)$
Kosten ändern sich um $\lambda = 0{,}15$.

4. Die Eckpunkte des Rechtecks müssen auf dem Kreis liegen. Die Diagonalen des Rechtecks gehen dann durch den Kreismittelpunkt. Ist x die Länge und y die Breite des Rechtecks, so gilt

$F = xy\ ;\ x^2 + y^2 = 4r^2$
$F_L = xy + \lambda(x^2 + y^2 - 4r^2)$

$$\left.\begin{array}{l} \dfrac{\partial F_L}{\partial x} = y + 2x\lambda = 0 \\[4mm] \dfrac{\partial F_L}{\partial y} = x + 2y\lambda = 0 \end{array}\right\} \Rightarrow x = y$$

$2x^2 = 4r^2 \Rightarrow x = \sqrt{2}r = y\ .$

5. $K_L = 3r_1 + 12r_2 + \lambda\left(100 - 20r_1^{0,2} r_2^{0,8}\right)$

$$\frac{\partial K_L}{\partial r_1} = 3 - \lambda 4 r_1^{-0,8} r_2^{0,8} = 0 \Rightarrow \lambda = \frac{3 r_1^{0,8}}{4 r_2^{0,8}}$$

$$\frac{\partial K_L}{\partial r_2} = 12 - \lambda 16 r_1^{0,2} r_2^{-0,2} = 0 \Rightarrow \lambda = \frac{12 r_2^{0,2}}{16 r_1^{0,2}}$$

$$\frac{3 r_1^{0,8}}{4 r_2^{0,8}} = \frac{12 r_2^{0,2}}{16 r_1^{0,2}} \Rightarrow r_1 = r_2$$

$$\frac{\partial K_L}{\partial \lambda} = 100 - 20 r_1^{0,2} r_2^{0,8} = 0 \Rightarrow 100 - 20 r_1 = 0 \Rightarrow r_1 = 5 = r_2\ .$$

6. $G^\star = 120\sqrt{x_1} + 160\sqrt{x_2} + \lambda\,(4.000.000 - x_1 - x_2)$

$$\frac{\partial G^\star}{\partial x_1} = \frac{60}{\sqrt{x_1}} - \lambda \; ; \; \frac{\partial G^\star}{\partial x_2} = \frac{80}{\sqrt{x_2}} - \lambda \; ; \; \frac{\partial G}{\partial \lambda} = 4.000.000 - x_1 - x_2$$

Nach Nullsetzen der Ableitungen und Auflösung der Gleichung
folgt: $x_2 = \frac{16}{9}x_1$ bzw. $x_1 = 1.440.000$ und $x_2 = 2.560.000$ sowie
$\lambda = 0,05$. Der zusätzliche Gewinn bei Einsatz einer zusätzlichen
EUR Kapital wird durch λ angegeben und beträgt 0,05 EUR.

7. $y_L = 9x - a - 4b + \lambda\left(x - 10 + \dfrac{1}{a} + \dfrac{1}{b}\right)$

$$\frac{\partial y_L}{\partial x} = 9 + \lambda, \; \frac{\partial y_L}{\partial a} = -1 - \frac{\lambda}{a^2}, \; \frac{\partial y_L}{\partial b} = -4 - \frac{\lambda}{b^2}, \; \frac{\partial y_L}{\partial \lambda} = x - 10 + \frac{1}{a} + \frac{1}{b}$$

durch Nullsetzen folgt: $\lambda = -9$

$$\Rightarrow -1 + \frac{9}{a^2} = 0 \Rightarrow a^2 = 9 \Rightarrow a = 3$$

und $\; -4 + \dfrac{9}{b^2} = 0 \Rightarrow b^2 = \frac{9}{4} \Rightarrow b = \frac{3}{2}$ und $x = 9$.

8. a) $K_L = 2r_1 + 8r_2 + \lambda\left(40 - 5r_1^{0,5}r_2^{0,5}\right)$

$$\frac{\partial K_L}{\partial r_1} = 2 - 5\lambda 0,5\, r_1^{-0,5}r_2^{0,5} = 0 \Rightarrow \lambda = \frac{4r_1^{0,5}}{5r_2^{0,5}}$$

$$\left.\frac{\partial K_L}{\partial r_2} = 8 - 5\lambda 0,5\, r_1^{0,5}r_2^{-0,5} = 0 \Rightarrow \lambda = \frac{16r_2^{0,5}}{5r_1^{0,5}}\right\} \Rightarrow r_1 = 4r_2$$

$$\frac{\partial K_L}{\partial \lambda} = 40 - 5r_1^{0,5}r_2^{0,5} = 0 \Rightarrow 5 \cdot 2r_2 = 40 \Rightarrow r_2 = 4 \; ; \; r_1 = 16$$

$\lambda = 1,6$;

b) $\dfrac{\mathrm{d}K_L}{\mathrm{d}x} = \lambda = 1,6$;

c) Isoquante und Isokostengerade haben an der Stelle der Minimalkostenkombination einen Berührungspunkt.

9. a) $G = 6k + 2gk \quad 4k + g = 37$

$\quad\quad G_L = 6k + 2gk + \lambda(37 - 4k - g)$

$$\left. \begin{aligned} \frac{\partial G_L}{\partial k} &= 6 + 2g - 4\lambda = 0 \\[2mm] \frac{\partial G_L}{\partial g} &= 2k - \lambda = 0 \end{aligned} \right\} \Rightarrow g = 4k - 3$$

$$\Rightarrow k = 5 \;;\; g = 17 \;;\; \lambda = 10$$

$$\frac{\partial G_L}{\partial \lambda} = 37 - 4k - g = 0 \;;$$

b) Um $\lambda = 10$.

14 Elastizitäten

14.1 Begriff und Eigenschaften

1. a) $y' = 5x^4 + 3x^2 + 1$;

$$\varepsilon_{yx} = \left(5x^4 + 3x^2 + 1\right) \frac{x}{x^5 + x^3 + x} = \frac{5x^4 + 3x^2 + 1}{x^4 + x^2 + 1} \;;$$

b) $y' = \frac{20}{3} \sqrt[3]{x}$; $\varepsilon_{yx} = \frac{20}{3} \sqrt[3]{x} \dfrac{x}{5\sqrt[3]{x^4}} = \frac{4}{3}$;

c) $y' = 3e^{3x}$; $\varepsilon_{yx} = 3e^{3x} \dfrac{x}{e^{3x}} = 3x$.

2. $\varepsilon_{yx} = \dfrac{3x^3 + 2x^2}{x^3 + x^2} = 1 \Rightarrow 3x^3 + 2x^2 = x^3 + x^2 \Rightarrow 2x^3 + x^2 = 0$

$x^2(2x + 1) = 0 \Rightarrow x = -0,5 \quad (x = 0 \text{ scheidet aus}) .$

3. $\varepsilon_{yx} = \left(3x^2 - \dfrac{3}{x^2}\right) \dfrac{x}{x^3 + \dfrac{3}{x}} = \dfrac{3x^3 - \dfrac{3}{x}}{x^3 + \dfrac{3}{x}}$

$\varepsilon_{yx} = 0 \Rightarrow 3x^3 - \dfrac{3}{x} = 0 \Rightarrow x^4 - 1 = 0$

$x^4 = 1, \; x_1 = +1, \; x_2 = -1 .$

4. $y = \left(x^2 + 4\right)^{0,5}$; $\dfrac{dy}{dx} = 0,5 \left(x^2 + 4\right)^{-0,5} 2x$

$\varepsilon_{yx} = \dfrac{x}{\left(x^2 + 4\right)^{0,5}} \dfrac{x}{\left(x^2 + 4\right)^{0,5}} = \dfrac{x^2}{x^2 + 4}$.

5. $\dfrac{dy}{dx} = \varepsilon_{yx} = \dfrac{dy}{dx} \cdot \dfrac{x}{y} \Leftrightarrow 1 = \dfrac{x}{y} \Rightarrow y = x$.

6. $\varepsilon_{fg,x} = \varepsilon_{fx} + \varepsilon_{gx} = 2$
$\varepsilon_{f/g,x} = \varepsilon_{fx} - \varepsilon_{gx} = -1$ $\left.\vphantom{\begin{matrix}a\\b\end{matrix}}\right\} \Rightarrow \varepsilon_{fx} = 0{,}5 \;;\; \varepsilon_{gx} = 1{,}5$.

7. Richtig: **b), c)** .

8. Richtig: **b), e)** .

9. Nein, denn $\varepsilon_{yx} = y' \dfrac{x}{y} \neq 0 \Rightarrow y' \neq 0 \;\left(\wedge \dfrac{x}{y} \neq 0 \right)$

$\Rightarrow$ es kann kein Extremwert vorliegen.

10. Richtig: **c), f)** .

14.2 Graphische Bestimmung der Elastizität

1.

2. Die Funktion ist unelastisch in den Bereichen I und II.

14.3 Partielle Elastizitäten

1. $\varepsilon_{zx} = \dfrac{\partial z}{\partial x} \dfrac{x}{z} = \dfrac{4x^4 + 2x^2 y^2}{x^4 + x^2 y^2 + y^4}$ $\varepsilon_{zy} = \dfrac{\partial z}{\partial y} \dfrac{y}{z} = \dfrac{2y^2 x^2 + 4y^4}{x^4 + x^2 y^2 + y^4}$.

2. $\varepsilon_{zx} = -\dfrac{y}{x^2} \dfrac{x^2}{y} = -1$ $\varepsilon_{zy} = \dfrac{1}{x} \dfrac{y}{y} x = 1$.

14.4 Ökonomische Anwendungen

1. $k = \dfrac{K}{x} = 0{,}1x + 0{,}5 + \dfrac{5}{x}$

$$\varepsilon_{Kx} = (0{,}2x + 0{,}5)\dfrac{x}{0{,}1x^2 + 0{,}5x + 5} = \dfrac{0{,}2x^2 + 0{,}5x}{0{,}1x^2 + 0{,}5x + 5}$$

$$\varepsilon_{kx} = \left(0{,}1 - \dfrac{5}{x^2}\right)\dfrac{x}{0{,}1x + 0{,}5 + \frac{5}{x}} = \dfrac{0{,}1x^2 - 5}{0{,}1x^2 + 0{,}5x + 5}$$

$$\varepsilon_{Kx} - \varepsilon_{kx} = \dfrac{0{,}2x^2 + 0{,}5x - 0{,}1x^2 + 5}{0{,}1x^2 + 0{,}5x + 5} = 1 \; .$$

2. $\varepsilon_{Ex} = E'(x)\dfrac{x}{E} \quad \varepsilon_{Kx} = K'(x)\dfrac{x}{K}$

Gewinnmaximum: $G' = 0 = K' - E' \Rightarrow K' = E'$

$$E'(x) = \dfrac{\varepsilon_{Ex}\, E}{x} \; ; \; K'(x) = \dfrac{\varepsilon_{Kx}\, K}{x}$$

$$\Rightarrow \dfrac{\varepsilon_{Ex}\, E}{x} = \dfrac{\varepsilon_{Kx}\, K}{x} \Leftrightarrow \varepsilon_{Ex}\, E = \varepsilon_{Kx}\, K \Leftrightarrow \varepsilon_{Ex} : \varepsilon_{Kx} = K : E$$

Beziehung **c)** gilt.

3. a) $\varepsilon_{xp} = -\dfrac{1}{8}\dfrac{p}{200 - \frac{p}{8}} = \dfrac{p}{p - 1600}$;

$$\varepsilon_{px} = -8\dfrac{x}{1600 - 8x} = \dfrac{x}{x - 200} = \dfrac{x}{x - 200} \; ;$$

b) $\varepsilon_{xp}(800) = -1$.

4. $p = 20 - 0{,}5x \Rightarrow x = 40 - 2p \Rightarrow p < 20$, da sonst negative Nachfrage

$$\varepsilon_{xp} = -2\dfrac{p}{40 - 2p} = \dfrac{-2p}{40 - 2p} = \dfrac{p}{p - 20}$$

$$|\varepsilon_{xp}| > 1 \Leftrightarrow \left|\dfrac{p}{p - 20}\right| > 1 \Leftrightarrow \dfrac{p}{p - 20} < -1 \Leftrightarrow \dfrac{p + p - 20}{p - 20} < 0$$

$$\dfrac{2p - 20}{p - 20} < 0 \Rightarrow 10 < p < 20 \; .$$

5. Es gilt: $\varepsilon_{xp} = \dfrac{\mathrm{d}\log x}{\mathrm{d}\log p}$; d.h. stellt man die Funktion $x = x(p)$ in einem doppeltlogarithmischen Koordinatensystem dar, so entspricht die Elastizität der Steigung der Kurve. Für die gegebenen Werte erhält man:

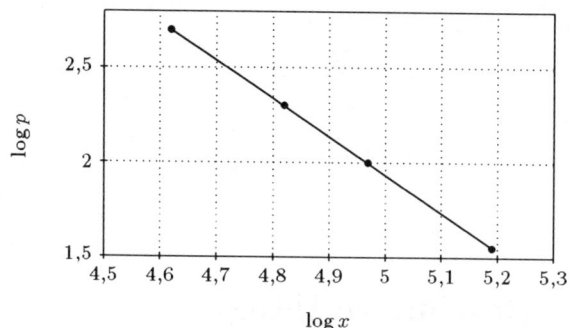

$\log x$

Die Werte liegen in dem doppeltlogarithmischen Koordinatensystem auf einer Geraden, die eine konstante Steigung hat. Die Elastizität der Nachfrage für Wein kann also als konstant angenommmen werden.

6. a) $\varepsilon_{xp} = -1{,}5\dfrac{p}{-1{,}5p + 90} = \dfrac{p}{p - 60} < -1 \Rightarrow p > 30$

   Aus $\dfrac{p}{p - 60} < -1$ und $p > 0 \Rightarrow p < 60$

   Also $30 < p < 60$.

  b) Das Gewinnmaximum ist stets im elastischen Bereich, d.h. im Gewinnmaximum gilt $30 < p < 60$ bzw. $0 < x < 45$.

15   Integralrechnung

15.1   Unbestimmte Integrale

1. a) $2x^3 + 4x^2 - 3x + C$;   b) $2\ln|x| + C$;   c) $3 \cdot \frac{3}{4}x^{\frac{4}{3}} + C$;

   d) $0{,}2e^{-x} + C$;   e) $0{,}5\left(e^x + e^{-x}\right) + C$.

2. a) $\frac{1}{16}x^4 \ln x - \frac{1}{64}x^4 + C$;   b) $e^x x^2 - 2\left(e^x x - e^x\right) + C$;

   c) $x\left((\ln x)^2 - 2(\ln x - 1)\right) + C = x\left((\ln x)^2 - 2\ln x + 2\right) + C$.

3. $\ln\left|x^3 - 4\right| + C$.

4. $x^2 + 4 = t^2 \Leftrightarrow x = \sqrt{t^2 - 4}$

$2x \, dx = 2t \, dt \Leftrightarrow dx = \dfrac{2t}{2x} \, dt = \dfrac{t \, dt}{\sqrt{t^2 - 4}}$

$\displaystyle \int x\sqrt{x^2 + 4} \, dx \Rightarrow \int t\sqrt{t^2 - 4} \, \dfrac{t \, dt}{\sqrt{t^2 - 4}} = \tfrac{1}{3} t^3 + C$

$\qquad\qquad\qquad\qquad\qquad = \tfrac{1}{3} \left(x^2 + 4\right)^{\frac{3}{2}} + C \ .$

15.2 Bestimmte Integrale

1. a) $\displaystyle \int_{1}^{4} \left(3x^2 - 4x\right) dx = \left[x^3 - 2x^2\right]_1^4 = \left(4^3 - 2 \cdot 16\right) - \left(1^3 - 2 \cdot 1\right)$

$\qquad\qquad\qquad\qquad = 64 - 32 - 1 + 2 = 33 \ ;$

b) $\displaystyle \int_{-1}^{2} \left(10x^4 - \dfrac{1}{x^2}\right) dx = \left[2x^5 + \dfrac{1}{x}\right]_{-1}^{2}$

$\qquad\qquad\qquad = \left(2 \cdot 2^5 + \tfrac{1}{2}\right) - \left(2\left(-1\right)^5 + \tfrac{1}{-1}\right)$

$\qquad\qquad\qquad = 64 + \tfrac{1}{2} + 2 + 1 = 67{,}5 \ .$

2. $\left[e^x \left(x - 1\right)\right]_0^1 = +1 \ .$

3. $\displaystyle \int_{0}^{e-1} \dfrac{e - 1 - x}{1 + x} \, dx = \int_{0}^{e-1} \left(\dfrac{e}{1 + x} - \dfrac{1 + x}{1 + x}\right) dx$

$\qquad\qquad = \displaystyle \int_{0}^{e-1} \dfrac{e}{1 + x} \, dx - \int_{0}^{e-1} 1 \, dx$

$\qquad\qquad = \left[e \ln \left(1 + x\right)\right]_0^{e-1} - \left[x\right]_0^{e-1}$

$\qquad\qquad = e - 0 - e + 1 - 0 = 1 \ .$

4. $\displaystyle \int_{-1}^{1} \left(4x^3 + 3x^2 + 4\right) dx = \left[x^4 + x^3 + 4x\right]_{-1}^{1} = 10 \ .$

5. Nullstellen $x_1 = 1$; $x_2 = -2$; $x_3 = 2$

$F(x) = \frac{1}{4}x^4 - \frac{1}{3}x^3 - 2x^2 + 4x$

$F(-4) = 37\frac{1}{3}$; $F(-2) = -9\frac{1}{3}$; $F(0) = 0$;

$F(1) = 1\frac{11}{12}$; $F(2) = 1\frac{1}{3}$; $F(4) = 26\frac{2}{3}$

a) $37\frac{1}{3} + 9\frac{1}{3} + 9\frac{1}{3} = 56$;

b) $56 + 1\frac{11}{12} + \frac{7}{12} + 25\frac{1}{3} = 83\frac{10}{12}$.

15.3   Ökonomische Anwendungen

1. $U = 8x - 3x^2 - x^3$; $C = 0$.

2. $K(x) = \int \left(\frac{1}{8}x^3 + \frac{1}{x+e} \right) \mathrm{d}x = \frac{1}{32}x^4 + \ln|x+e| + C$

Fixkosten $= K(x = 0) \Rightarrow \ln|e| + C = 1.500 \Rightarrow C = 1.499$

$\Rightarrow K(x) = \frac{1}{32}x^4 + \ln|x+e| + 1.499$.

3. $K(x) = \int \left(e^x + x^2 \right) \mathrm{d}x = e^x + \frac{1}{3}x^3 + 1.199$.

4. **a)** $\int \left(6x^2 - 10x + 15 \right) \mathrm{d}x = 2x^3 - 5x^2 + 15x + C = K(x)$

$K(10) = 2.000 - 500 + 150 + C = 2.000$

$\Rightarrow C = 350 \ (= \text{fixe Kosten})$

$K(x) = 2x^3 - 5x^2 + 15x + 350$;

b) $K_{\text{fix}} = 350$;

c) $k = 2x^2 - 5x + 15 + \dfrac{350}{x}$.

16   Differentialgleichungen

1. $\dfrac{\mathrm{d}y}{\mathrm{d}x} = \dfrac{1}{xy} \Rightarrow \displaystyle\int y\,\mathrm{d}y = \int \dfrac{\mathrm{d}x}{x} \Rightarrow y^2 = 2\ln x + C$.

2. $\varepsilon_{yx} = \dfrac{\mathrm{d}y}{\mathrm{d}x}\dfrac{x}{y} = 2x^2 \Rightarrow \dfrac{\mathrm{d}y}{y} = 2x\,\mathrm{d}x \Rightarrow \displaystyle\int \dfrac{\mathrm{d}y}{y} = \int 2x\,\mathrm{d}x$

$\Rightarrow \ln y = x^2 + C \Rightarrow y = e^{x^2+C} \Rightarrow y = ae^{x^2}$ mit $a = e^C$.

3. a) $\displaystyle\int \dfrac{\mathrm{d}y}{2y-4} = \int \mathrm{d}x$; $y = C^* e^{2x} + 2$;   **b)** $C^* = 2$; $y = 2e^{2x} + 2$.

4. $\displaystyle\int \dfrac{\mathrm{d}y}{y+1} = \int \mathrm{d}x$; $\ln(y+1) = x + C$; $y = C^* e^x - 1$.

5. Richtig **D)** .

6. Trennung der Variablen:

$$\int y\,\mathrm{d}y = -\int x\,\mathrm{d}x \Rightarrow 0{,}5y^2 = -0{,}5x^2 + C \Rightarrow x^2 + y^2 = 2C \ .$$

Die Lösungskurven sind Kreise um den Nullpunkt.
Die Konstante ist die Hälfte des Quadrates des Radius der Kreise.
(Mathematisch korrekt müsste es heißen: Die Lösungskurven bestehen aus zwei Scharen von Halbkreisen, und zwar liegt eine Schar in
der oberen Halbebene des Koordinatensystems $(y > 0)$, die andere
in der unteren Halbebene $(y < 0)$. Für $y = 0$ erhält man keine
Lösung.)

7. $y = 2(y' + 1) \Leftrightarrow y' = 0{,}5y - 1$

$$\int \dfrac{\mathrm{d}y}{0{,}5y - 1} = \int \mathrm{d}x \Rightarrow 2\ln(0{,}5y - 1) = x + C$$

$\ln(0{,}5y - 1) = 0{,}5x + \hat{C}$, $\hat{C} = 0{,}5C$

$0{,}5y - 1 = e^{0{,}5x+\hat{C}} = \tilde{C}e^{0{,}5x}$, $\tilde{C} = e^{\hat{C}}$

$y = C^* e^{0{,}5x} + 2$, $C^* = 2\tilde{C}$.

8. $\dfrac{\mathrm{d}x}{\mathrm{d}p}\dfrac{p}{x} = p \Rightarrow \dfrac{\mathrm{d}x}{x} = \mathrm{d}p \Rightarrow \displaystyle\int \dfrac{\mathrm{d}x}{x} = \int \mathrm{d}p$

$\ln x = p + C \Rightarrow e^{\ln x} = x = e^{p+C}$

$x(2) = e^{2+C} = 1 \Rightarrow C = -2$; $x = e^{p-2}$.

9. $\dfrac{y}{x} = \dfrac{\mathrm{d}y}{\mathrm{d}x}\dfrac{x}{y} \Rightarrow \dfrac{\mathrm{d}y}{\mathrm{d}x} = \dfrac{y^2}{x^2} \Rightarrow \dfrac{\mathrm{d}y}{y^2} = \dfrac{\mathrm{d}x}{x^2}$

$\displaystyle\int \dfrac{\mathrm{d}y}{y^2} = \int \dfrac{\mathrm{d}x}{x^2} \Rightarrow -\dfrac{1}{y} = -\dfrac{1}{x} + C \Rightarrow \dfrac{1}{y} = \dfrac{1}{x} - C \Rightarrow y = \dfrac{x}{1 - Cx}$

$y(2) = \dfrac{2}{1 - C2} = 1 \Rightarrow 2 = 1 - 2C \Rightarrow C = -0{,}5 \Rightarrow y = \dfrac{x}{1 + 0{,}5x}$.

10. a) $\dfrac{\mathrm{d}y}{\mathrm{d}x} = -2y \Rightarrow \dfrac{\mathrm{d}y}{y} = -2\,\mathrm{d}x \Rightarrow \displaystyle\int \dfrac{\mathrm{d}y}{y} = -2\int \mathrm{d}x$

$\Rightarrow \ln y = -2x + C \Rightarrow y = e^{-2x+C} \Rightarrow y = C^* e^{-2x}$

$y(1) = 1 \Rightarrow C^* = e^2 \Rightarrow y = e^2 e^{-2x}$

b) $\left(1 + x^2\right) \dfrac{\mathrm{d}y}{\mathrm{d}x} - 2xy = 0 \Rightarrow \dfrac{\mathrm{d}y}{y} = \dfrac{2x}{1 + x^2}\,\mathrm{d}x$

$\Rightarrow \ln y = \ln\left(1 + x^2\right) + C \Rightarrow y = \left(1 + x^2\right) e^C$

$y(0) = 1 \Rightarrow e^C = 1 \Rightarrow y = 1 + x^2$.

17 Grundlagen der Matrizenrechnung

17.1 Grundbegriffe

1. Richtig: **b)** .

2. **a)** $m = n$;   **b)** $m = 1$;   **c)** $n = 1$.

3. Richtig: **c), e)** .

4. Eine quadratische Matrix, bei der nur auf der Hauptdiagonalen von 0 verschiedene Elemente stehen.

17.2 Addition von Matrizen

1. Die Addition dieser Matrizen ist nicht definiert. Man kann nur Matrizen gleicher Ordnung addieren.

2. a) $A + B$ ist nicht definiert;

b) $A + C = \begin{pmatrix} 1 & 4 \\ -2 & 0 \end{pmatrix} + \begin{pmatrix} 8 & 1 \\ 1 & 2 \end{pmatrix} = \begin{pmatrix} 9 & 5 \\ -1 & 2 \end{pmatrix}$;

c) $A - C = \begin{pmatrix} 1 & 4 \\ -2 & 0 \end{pmatrix} - \begin{pmatrix} 8 & 1 \\ 1 & 2 \end{pmatrix} = \begin{pmatrix} -7 & 3 \\ -3 & -2 \end{pmatrix}$;

d) $C - A = \begin{pmatrix} 8 & 1 \\ 1 & 2 \end{pmatrix} - \begin{pmatrix} 1 & 4 \\ -2 & 0 \end{pmatrix} = \begin{pmatrix} 7 & -3 \\ 3 & 2 \end{pmatrix}$;

e) $B^T = \begin{pmatrix} 2 & 0 \\ -1 & 3 \\ 0 & 1 \end{pmatrix}$.

3. a) $\begin{pmatrix} 3 & 3 \\ 2 & 3 \\ 1 & 2 \end{pmatrix}$;   **b)** $\begin{pmatrix} -1 & 3 \\ 2 & -1 \\ -1 & 0 \end{pmatrix}$;   **c)** nicht definiert.

4. Richtig: **a)** .

17.3   Skalares Produkt von Vektoren

1. $\sum\limits_{i=1}^{n} a_i b_i = a_1 b_1 + a_2 b_2 + \ldots + a_n b_n$.

2. a) $N = A_{St} + A_{pH} + A_1 + A_2 + A_3 = (22, 19, 16)$;

b) $P_1 = (22, 3, 2) \begin{pmatrix} +5 \\ -4 \\ -6 \end{pmatrix} = 110 - 12 - 12 = 86$;

$P_2 = (3, 19, 1) \begin{pmatrix} -5 \\ 4 \\ -6 \end{pmatrix} = -15 + 76 - 6 = 55$;

$P_3 = (4, 2, 16) \begin{pmatrix} -5 \\ -4 \\ 6 \end{pmatrix} = -20 - 8 + 96 = 68$.

17.4   Multiplikation von Matrizen

1. Richtig: **c)** .

2. a) $\begin{pmatrix} 3 & 2 \\ 2 & 1 \end{pmatrix} \begin{pmatrix} 5 & 0 & 4 \\ 3 & 6 & 1 \end{pmatrix} = \begin{pmatrix} 21 & 12 & 14 \\ 13 & 6 & 9 \end{pmatrix}$;

b) Die Multiplikation zweier Matrizen ist definitionsgemäß nur möglich, wenn die Anzahl der Spalten der ersten Matrix gleich der Anzahl der Zeilen der zweiten Matrix ist. BA ist also nicht definiert.

c) $\begin{pmatrix} 3 & 2 \\ 2 & 1 \end{pmatrix} \begin{pmatrix} 1 & -2 \\ -2 & 3 \end{pmatrix} = \begin{pmatrix} -1 & 0 \\ 0 & -1 \end{pmatrix}$.

3. a) $\begin{pmatrix} 6 & -1 & 6 \\ 2 & -2 & 7 \end{pmatrix}$; **b)** nicht definiert; **c)** $\begin{pmatrix} 6 & 2 \\ 2 & 2 \end{pmatrix}$.

4. $\begin{pmatrix} 2 & 1 & 0 \\ 0 & 2 & 2 \\ 0 & 0 & 1 \end{pmatrix} \begin{pmatrix} 1 & 0 & 1 & 0 \\ 2 & 3 & 1 & 1 \\ 1 & 0 & 0 & 0 \end{pmatrix} = \begin{pmatrix} 4 & 3 & 3 & 1 \\ 6 & 6 & 2 & 2 \\ 1 & 0 & 0 & 0 \end{pmatrix}$.

5. $A_{7,8}\, B_{8,11} = C_{7,11}$; $n = 7$; $m = 11$.

6. $(40, 50, 10) \begin{pmatrix} 0{,}8 & 0{,}1 & 0{,}1 \\ 0{,}2 & 0{,}7 & 0{,}1 \\ 0{,}2 & 0{,}3 & 0{,}5 \end{pmatrix} = (44, 42, 14)$

KS: 44% ; RK: 42% ; NSB: 14% .

7. a) $n = r$ und $m = 1$; **b)** $n = r$ und $m = 1$ und $s = 1$;
c) $n = r$ und $s = 1$; **d)** $n = r$ und $m = s$; **e)** $n \neq r$.

8. Richtig: **B)** .

9. a) $\begin{pmatrix} 3 & 1 & 1 & 2 \\ 1 & 0 & 4 & 4 \\ 2 & 2 & 2 & 0 \end{pmatrix} \begin{pmatrix} 2 \\ 1 \\ 4 \\ 2 \end{pmatrix} = \begin{pmatrix} 15 \\ 26 \\ 14 \end{pmatrix}$;

b) $(3, 3, 1) \begin{pmatrix} 3 & 1 & 1 & 2 \\ 1 & 0 & 4 & 4 \\ 2 & 2 & 2 & 0 \end{pmatrix} = (14, 5, 17, 18)$.

10. a) Die Übergangsmatrix wird im folgenden mit A bezeichnet:

$$A = \begin{pmatrix} 0{,}80 & 0{,}10 & 0{,}05 & 0{,}05 \\ 0{,}10 & 0{,}85 & 0{,}03 & 0{,}02 \\ 0{,}40 & 0{,}25 & 0{,}30 & 0{,}05 \\ 0{,}40 & 0{,}40 & 0{,}05 & 0{,}15 \end{pmatrix} ;$$

b) Bezeichnet man den Zeilenvektor der Wahlergebnisse von 2002 mit b und den Zeilenvektor der Wahlergebnisse von 2006 mit x, so gilt $x = bA$. Daraus folgt $x = (46{,}1 ; 41{,}595 ; 6{,}27 ; 4{,}735)$.

11. Die Produktion des Zweiges i muss die Endnachfrage, den Eigen-
verbrauch und die Lieferungen an die anderen Zweige decken:

$$\begin{pmatrix} x_1 \\ x_2 \\ x_3 \end{pmatrix} = \begin{pmatrix} 4 \\ 12 \\ 16 \end{pmatrix} + \begin{pmatrix} 0,1 & 0,1 & 0,2 \\ 0,3 & 0,2 & 0,1 \\ 0,4 & 0,1 & 0,3 \end{pmatrix} \begin{pmatrix} x_1 \\ x_2 \\ x_3 \end{pmatrix}.$$

oder: $$\begin{pmatrix} 0,9 & -0,1 & -0,2 \\ -0,3 & 0,8 & -0,1 \\ -0,4 & -0,1 & 0,7 \end{pmatrix} \begin{pmatrix} x_1 \\ x_2 \\ x_3 \end{pmatrix} = \begin{pmatrix} 4 \\ 12 \\ 16 \end{pmatrix}.$$

12. Grund: $AB \neq BA$.

17.5   Inverse einer Matrix

1. $AB = E$. Wenn A^{-1} existiert: $A^{-1}AB = A^{-1}E \Rightarrow B = A^{-1}$.

2. Es folgt $B = C$, wenn A nichtsingulär ist; denn nur dann existiert
die Inverse A^{-1}, mit der auf beiden Seiten der Gleichung multi-
pliziert werden muss $A^{-1}AB = A^{-1}AC$, um zwischen B und C
Gleichheit zu erreichen.

3. a) $A = A^{-1}$ bedeutet, dass $AA = E$:

$$\begin{pmatrix} -1 & -2 & -2 \\ 1 & 2 & 1 \\ -1 & -1 & 0 \end{pmatrix} \begin{pmatrix} -1 & -2 & -2 \\ 1 & 2 & 1 \\ -1 & -1 & 0 \end{pmatrix} = \begin{pmatrix} 1 & 0 & 0 \\ 0 & 1 & 0 \\ 0 & 0 & 1 \end{pmatrix};$$

b) Es muss geprüft werden, ob gilt $AB = BA$.

Als Lösung folgt $AB = BA = \begin{pmatrix} -5 & -8 & 0 \\ 3 & 5 & 0 \\ 1 & 2 & -1 \end{pmatrix}$.

4. a) $C^T = \begin{pmatrix} 1 & 1 & 0 \\ 0 & 2 & 1 \end{pmatrix}$;   **b)** $B + C$ nicht definiert;

c) $B + C^T = \begin{pmatrix} 2 & 3 & 3 \\ 5 & 3 & 3 \end{pmatrix}$;   **d)** AC nicht definiert;

e) $BC = \begin{pmatrix} 3 & 7 \\ 6 & 4 \end{pmatrix}$;   **f)** $CB = \begin{pmatrix} 1 & 2 & 3 \\ 11 & 4 & 7 \\ 5 & 1 & 2 \end{pmatrix}$.

18 Lineare Gleichungssysteme

18.1 Formulierung Linearer Gleichungssysteme

1. $K = 2E + 4V + 2B + 50$
$E = 2V + 1B$
$B = 210$
$V = 2B + 400$
$T = 5E + 10B$

2. Die Mengen von $A, B, C \ldots$ werden mit $a, b, c \ldots$ bezeichnet. Es ergibt sich folgendes Gleichungssystem:

$$
\begin{aligned}
a & & & & & & & = 500 \\
& b & & & & & & = 200 \\
& & c & & & & & = 300 \\
-2a - & b - & 2c + d & & & & & = 0 \\
& -2b & & + e & & & & = 0 \\
& & -5c & -3e + & f & & & = 100 \\
& -b & & -d - 2e - & f + g & & = 0 \\
& & -2c & & -4f & +h & = 0
\end{aligned}
$$

Als Lösung folgt durch Einsetzen bzw. unmittelbar:

$a = 500, b = 200, c = 300, d = 1.800, e = 400, f = 2.800, g = 5.600,$
$h = 11.800 \,.$

Es werden also 5.600 Einzelteile G, 11.800 Einzelteile H, 1.800 Baugruppen D, 400 Baugruppen E und 2.800 Baugruppen F benötigt.

3. $30x^2 + 60y^2 = 79{,}2$

$\underline{x^2 + 0{,}36y^2 = 1} \quad |\cdot 30 \;\Rightarrow\; 30x^2 + 10{,}8y^2 = 30$

$49{,}2y^2 = 49{,}2$

$y^2 = 1 \;\Rightarrow\; y = 1\,;$
$x^2 = 0{,}64 \;\Rightarrow\; x = 0{,}8\,.$

4. a) $1x_1 + 2x_2 + 3x_3 = 25$
$3x_1 + 1x_2 + 4x_3 = 25$
$2x_1 + 5x_2 + 2x_3 = 50$

b) $\begin{pmatrix} 1 & 2 & 3 \\ 3 & 1 & 4 \\ 2 & 5 & 2 \end{pmatrix} \begin{pmatrix} x_1 \\ x_2 \\ x_3 \end{pmatrix} = \begin{pmatrix} 25 \\ 25 \\ 50 \end{pmatrix}.$

5. x_1 = Menge an Fett; x_2 = Menge an Kamille; x_3 = Menge an Zink.

$$x_1 + x_2 + x_3 = 32$$
$$x_1 - 4x_2 \quad\quad = 0$$
$$- x_2 + x_3 = 2$$

Ergebnis: Fett $20g$; Kamille $5g$; Zink $7g$.

6. $0{,}5x + 0{,}2y \quad\quad = 240 \quad\quad x = 350$
$0{,}3x \quad\quad + z = 180 \quad\quad y = 325$
$0{,}2x + 0{,}8y \quad\quad = 330 \quad\quad z = 75$

7. 1. Gleichung: $x + y + z = 14$

2. Gleichung: $x + z = y$ oder $x - y + z = 0$

3. Gleichung: $x + 10y + 100z$
$$- (100x + 10y + z)$$
$$\overline{ - 99x \quad\quad + 99z \quad = 297}$$

oder $-x + z = 3$

$z = 5 \,;\, x = 2 \,;\, y = 7$.

Die Zahl lautet: $2\,7\,5$.

18.2 Lösung Linearer Gleichungssysteme

1. (1) $\begin{pmatrix} 1 & 1 & 2 & | & 2 \\ 3 & 4 & 6 & | & 7 \\ 2 & 2 & 5 & | & 3 \end{pmatrix}$ (2) $\begin{pmatrix} 1 & 1 & 2 & | & 2 \\ 0 & 1 & 0 & | & 1 \\ 0 & 0 & 1 & | & -1 \end{pmatrix}$

(3) $\begin{pmatrix} 1 & 0 & 2 & | & 1 \\ 0 & 1 & 0 & | & 1 \\ 0 & 0 & 1 & | & -1 \end{pmatrix}$ (4) $\begin{pmatrix} 1 & 0 & 0 & | & 3 \\ 0 & 1 & 0 & | & 1 \\ 0 & 0 & 1 & | & -1 \end{pmatrix}$

$x = 3, \quad y = 1, \quad z = -1$.

2. (1) $\begin{pmatrix} 1 & 1 & -1 & | & 1 \\ 3 & 1 & -2 & | & 1 \\ 0 & 2 & 1 & | & 10 \end{pmatrix}$ (2) $\begin{pmatrix} 1 & 1 & -1 & | & 1 \\ 0 & -2 & 1 & | & -2 \\ 0 & 2 & 1 & | & 10 \end{pmatrix}$

(3) $\begin{pmatrix} 1 & 0 & -0{,}5 & | & 0 \\ 0 & 1 & -0{,}5 & | & 1 \\ 0 & 0 & 2 & | & 8 \end{pmatrix}$ (4) $\begin{pmatrix} 1 & 0 & 0 & | & 2 \\ 0 & 1 & 0 & | & 3 \\ 0 & 0 & 1 & | & 4 \end{pmatrix}$

$x = 2, \quad y = 3, \quad z = 4$.

3. x_1: Menge Zellstoff; x_2: Menge Leim; x_3: Menge A ; x_4: Menge B

$x_1 + x_2 + x_3 + x_4 = 100$

$x_1 = 5x_2; \quad x_3 = x_4; \quad 2x_2 = x_3$

$x_1 = 50; \quad x_2 = 10; \quad x_3 = x_4 = 20$.

4. x: Menge an D.; y: Menge an C.; z: Menge an K.

$\frac{1}{2}x + \frac{1}{4}y + \frac{3}{8}z = 7$

$x + y + z = 17$

$\frac{3}{4}y + \frac{5}{8}z = 5 \qquad x = 10; \quad y = 5; \quad z = 2$.

5. $\begin{pmatrix} 2 & 1 & 4 & | & 5 \\ 2 & 2 & 4 & | & 6 \\ 4 & 2 & 9 & | & 9 \end{pmatrix} \qquad \begin{pmatrix} 1 & 0 & 0 & | & 4 \\ 0 & 1 & 0 & | & 1 \\ 0 & 0 & 1 & | & -1 \end{pmatrix}$

$x_1 = 4; \quad x_2 = 1; \quad x_3 = -1$.

6. $\begin{pmatrix} 1 & 1 & -4 & | & -11 \\ 2 & -1 & 7 & | & 20 \\ 3 & 1 & -2 & | & -5 \end{pmatrix} \qquad \begin{pmatrix} 1 & 1 & -4 & | & -11 \\ 0 & -3 & 15 & | & 42 \\ 0 & -2 & 10 & | & 28 \end{pmatrix}$

$\begin{pmatrix} 1 & 0 & 1 & | & 3 \\ 0 & 1 & -5 & | & -14 \\ 0 & 0 & 0 & | & 0 \end{pmatrix}$

mehrdeutige Lösung: $z = $ beliebig und $x = -z + 3; \quad y = 5z - 14$.

7. a) $\begin{pmatrix} 2 & 1 & 5 & | & 7 \\ 2 & 5 & 2 & | & 5 \\ 4 & 2 & 1 & | & -4 \end{pmatrix} \Rightarrow \begin{pmatrix} 2 & 1 & 5 & | & 7 \\ 0 & 4 & -3 & | & -2 \\ 0 & 0 & -9 & | & -18 \end{pmatrix}$

$-9z = -18 \Rightarrow z = 2$

$4y - 6 = -2 \Rightarrow 4y = 4 \Rightarrow y = 1$

$2x + 1 + 10 = 7 \Rightarrow 2x = -4 \Rightarrow x = -2$.

b) nicht lösbar, da Widerspruch zwischen 1. und 3. Gleichung.

8. $\begin{array}{ll} P + C + B + R = 120 \\ 1{,}5P \qquad\quad = R \\ B + C \qquad\quad = R - P \\ B \qquad\qquad = 3C \end{array} \Rightarrow \begin{pmatrix} 1 & 1 & 1 & 1 & | & 120 \\ 3 & 0 & 0 & -2 & | & 0 \\ 1 & 1 & 1 & -1 & | & 0 \\ 0 & 3 & -1 & 0 & | & 0 \end{pmatrix}$

$\begin{pmatrix} 1 & 1 & 1 & 1 & | & 120 \\ 0 & 3 & 3 & 5 & | & 360 \\ 0 & 0 & 4 & 5 & | & 360 \\ 0 & 0 & 0 & 2 & | & 120 \end{pmatrix}$

Das Gleichungssystem ist eindeutig lösbar. Sukzessiv erhält man die Lösung: $R = 60; \quad B = 15; \quad C = 5; \quad P = 40$.

9. Richtig: e).

10. $\begin{pmatrix} 1 & 2 & -1 & | & 1 \\ 1 & -2 & 1 & | & 3 \end{pmatrix}$ $\begin{pmatrix} 1 & 2 & -1 & | & 1 \\ 0 & -4 & 2 & | & 2 \end{pmatrix}$

$\begin{pmatrix} 1 & 2 & -1 & | & 1 \\ 0 & 1 & -0{,}5 & | & -0{,}5 \end{pmatrix}$ $\begin{pmatrix} 1 & 0 & 0 & | & 2 \\ 0 & 1 & -0{,}5 & | & -0{,}5 \end{pmatrix}$

$x = 2; \quad y = 0{,}5z - 0{,}5; \quad z = \text{beliebig}.$

18.3   Bestimmung der Inversen einer Matrix

1. $\begin{pmatrix} 4 & 0 & 5 & | & 1 & 0 & 0 \\ 0 & 1 & -6 & | & 0 & 1 & 0 \\ 3 & 0 & 4 & | & 0 & 0 & 1 \end{pmatrix} \Rightarrow \begin{pmatrix} 1 & 0 & 5/4 & | & 1/4 & 0 & 0 \\ 0 & 1 & -6 & | & 0 & 1 & 0 \\ 0 & 0 & 1/4 & | & -3/4 & 0 & 1 \end{pmatrix}$

$\begin{pmatrix} 1 & 0 & 0 & | & 4 & 0 & -5 \\ 0 & 1 & 0 & | & -18 & 1 & 24 \\ 0 & 0 & 1 & | & -3 & 0 & 4 \end{pmatrix}$ $A^{-1} = \begin{pmatrix} 4 & 0 & -5 \\ -18 & 1 & 24 \\ -3 & 0 & 4 \end{pmatrix}.$

2. $\begin{pmatrix} 1 & 3 & 2 & | & 1 & 0 & 0 \\ 2 & 5 & 3 & | & 0 & 1 & 0 \\ -3 & -8 & -4 & | & 0 & 0 & 1 \end{pmatrix} \Rightarrow \begin{pmatrix} 1 & 3 & 2 & | & 1 & 0 & 0 \\ 0 & -1 & -1 & | & -2 & 1 & 0 \\ 0 & 1 & 2 & | & 3 & 0 & 1 \end{pmatrix}$

$\begin{pmatrix} 1 & 0 & -1 & | & -5 & 3 & 0 \\ 0 & 1 & 1 & | & 2 & -1 & 0 \\ 0 & 0 & 1 & | & 1 & 1 & 1 \end{pmatrix} \Rightarrow \begin{pmatrix} 1 & 0 & 0 & | & -4 & 4 & 1 \\ 0 & 1 & 0 & | & 1 & -2 & -1 \\ 0 & 0 & 1 & | & 1 & 1 & 1 \end{pmatrix}$

$A^{-1} = \begin{pmatrix} -4 & 4 & 1 \\ 1 & -2 & -1 \\ 1 & 1 & 1 \end{pmatrix}.$

3. $\begin{pmatrix} 1 & 11 & -35 & | & 1 & 0 & 0 \\ 1 & 12 & -38 & | & 0 & 1 & 0 \\ -4 & -47 & 150 & | & 0 & 0 & 1 \end{pmatrix} \Rightarrow \begin{pmatrix} 1 & 11 & -35 & | & 1 & 0 & 0 \\ 0 & 1 & -3 & | & -1 & 1 & 0 \\ 0 & -3 & 10 & | & 4 & 0 & 1 \end{pmatrix}$

$\Rightarrow \begin{pmatrix} 1 & 0 & -2 & | & 12 & -11 & 0 \\ 0 & 1 & -3 & | & -1 & 1 & 0 \\ 0 & 0 & 1 & | & 1 & 3 & 1 \end{pmatrix} \Rightarrow \begin{pmatrix} 1 & 0 & 0 & | & 14 & -5 & 2 \\ 0 & 1 & 0 & | & 2 & 10 & 3 \\ 0 & 0 & 1 & | & 1 & 3 & 1 \end{pmatrix}$

$A^{-1} = \begin{pmatrix} 14 & -5 & 2 \\ 2 & 10 & 3 \\ 1 & 3 & 1 \end{pmatrix}.$

4. a) $\begin{pmatrix} 1 & 2 & 4 \\ 0 & 1 & 2 \\ 1 & 2 & 5 \end{pmatrix} \begin{pmatrix} x_1 \\ x_2 \\ x_3 \end{pmatrix} = \begin{pmatrix} 24 \\ 11 \\ 28 \end{pmatrix}$;

b) $Ax = b \qquad x = A^{-1}b$. Bestimmung von A^{-1} :

$$\left(\begin{array}{ccc|ccc} 1 & 2 & 4 & 1 & 0 & 0 \\ 0 & 1 & 2 & 0 & 1 & 0 \\ 1 & 2 & 5 & 0 & 0 & 1 \end{array} \right) \qquad \text{3.Zeile} - \text{1. Zeile}$$

$$\left(\begin{array}{ccc|ccc} 1 & 2 & 4 & 1 & 0 & 0 \\ 0 & 1 & 2 & 0 & 1 & 0 \\ 0 & 0 & 1 & -1 & 0 & 1 \end{array} \right) \qquad \text{1.Zeile} - 2 \text{ mal 2. Zeile}$$

$$\left(\begin{array}{ccc|ccc} 1 & 0 & 0 & 1 & -2 & 0 \\ 0 & 1 & 2 & 0 & 1 & 0 \\ 0 & 0 & 1 & -1 & 0 & 1 \end{array} \right) \qquad \text{2. Zeile} - 2 \text{ mal 3. Zeile}$$

$$\left(\begin{array}{ccc|ccc} 1 & 0 & 0 & 1 & -2 & 0 \\ 0 & 1 & 0 & 2 & 1 & -2 \\ 0 & 0 & 1 & -1 & 0 & 1 \end{array} \right) \qquad A^{-1} = \begin{pmatrix} 1 & -2 & 0 \\ 2 & 1 & -2 \\ -1 & 0 & 1 \end{pmatrix}$$

$$\begin{pmatrix} x_1 \\ x_2 \\ x_3 \end{pmatrix} = \begin{pmatrix} 1 & -2 & 0 \\ 2 & 1 & -2 \\ -1 & 0 & 1 \end{pmatrix} \begin{pmatrix} 24 \\ 11 \\ 28 \end{pmatrix} = \begin{pmatrix} 24 - 22 + 0 \\ 48 + 11 - 56 \\ -24 + 0 + 28 \end{pmatrix} = \begin{pmatrix} 2 \\ 3 \\ 4 \end{pmatrix}$$

$x_1 = 2; \qquad x_2 = 3; \qquad x_3 = 4$.

18.4 Linear abhängige und unabhängige Vektoren

1. Das System von Vektoren ist linear abhängig, denn $a_1 + a_5 = a_4$.

2. Die Vektoren sind linear abhängig, denn $a_2' - a_1' = a_3'$.

18.5 Rang einer Matrix

1. $\begin{pmatrix} 1 & 1 & 0 & 2 \\ 4 & 0 & 1 & 3 \\ 6 & 2 & 1 & 7 \\ 1 & 0 & 0 & 1 \end{pmatrix} \Rightarrow \begin{pmatrix} 1 & 0 & 0 & 1 \\ 1 & 1 & 0 & 2 \\ 4 & 0 & 1 & 3 \\ 6 & 2 & 1 & 7 \end{pmatrix} \Rightarrow \begin{pmatrix} 1 & 0 & 0 & 1 \\ 0 & 1 & 0 & 1 \\ 0 & 0 & 1 & -1 \\ 0 & 2 & 1 & 1 \end{pmatrix}$

$\begin{pmatrix} 1 & 0 & 0 & 1 \\ 0 & 1 & 0 & 1 \\ 0 & 0 & 1 & -1 \\ 0 & 0 & 1 & -1 \end{pmatrix} \Rightarrow \begin{pmatrix} 1 & 0 & 0 & 1 \\ 0 & 1 & 0 & 1 \\ 0 & 0 & 1 & -1 \\ 0 & 0 & 0 & 0 \end{pmatrix} \Rightarrow \text{rang}(C) = 3.$

2.

	ein-deutig lösbar	mehr-deutig lösbar	nicht lösbar	Wider-spruch
$\mathrm{rang}(A) = \mathrm{rang}(A \mid b) = n$	×			
$\mathrm{rang}(A) > \mathrm{rang}(A \mid b)$				×
$n > \mathrm{rang}(A) = \mathrm{rang}(A \mid b)$		×		
$\mathrm{rang}(A \mid b) > \mathrm{rang}(A)$			×	
$m > \mathrm{rang}(A) = \mathrm{rang}(A \mid b) = n$	×			
$\mathrm{rang}(A \mid b) = \mathrm{rang}(A) > n$				×

19 Determinanten

19.1 Berechnung von Determinanten

1. **a)** $\begin{vmatrix} 2 & 1 \\ 1 & 1 \end{vmatrix} = 2 \cdot 1 - 1 \cdot 1 = 1 \; ;$ **b)** $\begin{vmatrix} 5 & 7 \\ 2 & 4 \end{vmatrix} = 5 \cdot 4 - 2 \cdot 7 = 6 \; ;$

c) $\begin{vmatrix} 3 & 8 \\ 7 & 6 \end{vmatrix} = 3 \cdot 6 - 7 \cdot 8 = -38 \; ;$

d) $\begin{vmatrix} -1 & 5 \\ -3 & 2 \end{vmatrix} = (-1) \cdot 2 - (-3) \cdot 5 = 13 \; .$

2.
$$A_{\mathrm{ad}} = \begin{pmatrix} -1 & 2 & -1 \\ 0 & 1 & -1 \\ -2 & 5 & -4 \end{pmatrix} \; .$$

3. a)
$$\begin{vmatrix} 2 & 3 & 4 \\ 1 & 5 & 0 \\ 6 & 1 & 2 \end{vmatrix} = 2\cdot 5\cdot 2 + 3\cdot 0\cdot 6 + 4\cdot 1\cdot 1 - 6\cdot 5\cdot 4 - 1\cdot 0\cdot 2 - 2\cdot 1\cdot 3$$

$$= 20 + 4 - 120 - 6 = -102 \ .$$

b)
$$\begin{vmatrix} 7 & 4 & 1 \\ 2 & 1 & 3 \\ 2 & 1 & 1 \end{vmatrix} = 7\cdot 1\cdot 1 + 4\cdot 3\cdot 2 + 1\cdot 2\cdot 1 - 2\cdot 1\cdot 1 - 1\cdot 3\cdot 7 - 1\cdot 2\cdot 4$$

$$= 7 + 24 + 2 - 2 - 21 - 8 = 2 \ .$$

c)
$$\begin{vmatrix} -1 & 2 & 1 \\ -3 & 5 & 4 \\ 2 & 1 & 2 \end{vmatrix} = (-1)\cdot 5\cdot 2 + 2\cdot 4\cdot 2 + 1\cdot(-3)\cdot 1$$
$$-2\cdot 5\cdot 1 - 1\cdot 4\cdot(-1) - 2\cdot(-3)\cdot 2$$

$$= -10 + 16 - 3 - 10 + 4 + 12 = 9 \ .$$

4.
$$B_{\mathrm{ad}} = \begin{pmatrix} 1 & -4 \\ -3 & 2 \end{pmatrix} \ .$$

5.
$$(-2)\cdot \begin{vmatrix} 1 & 0 & -3 \\ -1 & -1 & 1 \\ 2 & 0 & 3 \end{vmatrix} = (-2)\cdot(-1)\cdot \begin{vmatrix} 1 & -3 \\ 2 & 3 \end{vmatrix} = 2\cdot(3+6) = 18.$$

6.
$$\begin{vmatrix} 3 & 2 & 0 & 2 \\ 0 & 2 & 0 & 1 \\ 1 & 4 & 2 & 8 \\ 0 & 1 & 0 & 2 \end{vmatrix} = 2\cdot \begin{vmatrix} 3 & 2 & 2 \\ 0 & 2 & 1 \\ 0 & 1 & 2 \end{vmatrix} = 2\cdot 3\cdot \begin{vmatrix} 2 & 1 \\ 1 & 2 \end{vmatrix} = 2\cdot 3\cdot 3 = 18 \ .$$

7.
$$|A| = (-1)\cdot \begin{vmatrix} 2 & 2 & 1 \\ 0 & -1 & 1 \\ 2 & 1 & 0 \end{vmatrix} + 1\cdot \begin{vmatrix} 2 & 2 & 1 \\ 0 & -1 & 1 \\ 0 & 1 & 0 \end{vmatrix}$$

$$= (-1)\cdot \left[2\cdot \begin{vmatrix} -1 & 1 \\ 1 & 0 \end{vmatrix} + 2\cdot \begin{vmatrix} 2 & 1 \\ -1 & 1 \end{vmatrix} \right] + 1\cdot(-1)\cdot \begin{vmatrix} 2 & 1 \\ 0 & 1 \end{vmatrix}$$

$$= +2 - 6 - 2 = -6 \ .$$

$|B| = 0$ da 2. + 4. − 3. Zeile = 1.Zeile.

8. $|A| = 0$, da 1. + 3. Spalte = 4.Spalte.

$$|B| = -2\cdot \begin{vmatrix} 1 & 3 & 4 \\ 0 & 2 & 0 \\ 2 & -1 & 1 \end{vmatrix} - 1\cdot \begin{vmatrix} 1 & 3 & 0 \\ 0 & 2 & 3 \\ 2 & -1 & 2 \end{vmatrix} = 28 - 25 = 3 \ .$$

9. $D = 0$.

10. a)
$$\begin{vmatrix} 2 & 1 \\ 0 & 1 \end{vmatrix} = 2 \cdot 1 - 0 \cdot 1 = 2 \ ;$$

b)
$$\begin{vmatrix} 3 & 1 & 0 \\ 0 & 3 & 1 \\ 1 & 0 & 3 \end{vmatrix} = 3 \cdot \begin{vmatrix} 3 & 1 \\ 0 & 3 \end{vmatrix} + 1 \cdot \begin{vmatrix} 1 & 0 \\ 3 & 1 \end{vmatrix} = 3 \cdot 9 + 1 \cdot 1 = 28 \ ;$$

c)
$$\begin{vmatrix} 7 & 2 & -1 & 4 \\ 4 & 3 & -2 & 5 \\ 2 & 1 & -1 & 1 \\ -5 & -2 & 2 & -2 \end{vmatrix} = 7 \cdot \begin{vmatrix} 3 & -2 & 5 \\ 1 & -1 & 1 \\ -2 & 2 & -2 \end{vmatrix} - 4 \cdot \begin{vmatrix} 2 & -1 & 4 \\ 1 & -1 & 1 \\ -2 & 2 & -2 \end{vmatrix}$$

$$+ 2 \cdot \begin{vmatrix} 2 & -1 & 4 \\ 3 & -2 & 5 \\ -2 & 2 & -2 \end{vmatrix} + 5 \cdot \begin{vmatrix} 2 & -1 & 4 \\ 3 & -2 & 5 \\ 1 & -1 & 1 \end{vmatrix} = 0 \ .$$

11.
$$|A| = \begin{vmatrix} 3 & 3 & 1 & 4 \\ 0 & 2 & 0 & 0 \\ 2 & 7 & 0 & 1 \\ 3 & 9 & 2 & -1 \end{vmatrix} = 30$$

Es ist $B = A^T$ und somit gilt $|B| = |A^T| = |A| = 30$.

Werden alle Elemente "einer" Zeile einer Determinante mit einem Faktor c multipliziert, so erhält man den c-fachen Wert der ursprünglichen Determinante. Da C aus A durch Multiplikation der 3. Zeile mit 2 hervorgeht, ergibt sich $|C| = 60$.

Allgemein gilt für die Determinante $|A_{nn}|$ einer Matrix n-ter Ordnung
$$|cA_{nn}| = c^n |A_{nn}| \Rightarrow |D| = |2A| = 2^4 |A| = 480 \ .$$

12. Richtig: **b)**; **d)** .

13.
$$\begin{vmatrix} 1 & 2 & 0 & -3 & 2 \\ 0 & 1 & 3 & 0 & 0 \\ 0 & 0 & 3 & -3 & 2 \\ 0 & 0 & 0 & 3 & 1 \\ 0 & 0 & 0 & 0 & -4 \end{vmatrix} = 1 \cdot 1 \cdot 3 \cdot 3 \cdot (-4) = -36 \ .$$

14. $5 \cdot 4 \cdot (-2) \cdot 3 \cdot 7 = -840$.

19.2 CRAMER'sche Regel und Inversenberechnung mit Determinanten

1.

$$x = \frac{\begin{vmatrix} 0 & 2 & -1 \\ 14 & 5 & 2 \\ -7 & 1 & -3 \end{vmatrix}}{\begin{vmatrix} 1 & 2 & -1 \\ 2 & 5 & 2 \\ 0 & 1 & -3 \end{vmatrix}} = -\frac{7}{7} = -1 \ ;$$

$$y = \frac{\begin{vmatrix} 1 & 0 & -1 \\ 2 & 14 & 2 \\ 0 & -7 & -3 \end{vmatrix}}{-7} = \frac{-14}{-7} = 2 \ ;$$

$$z = \frac{\begin{vmatrix} 1 & 2 & 0 \\ 2 & 5 & 14 \\ 0 & 1 & -7 \end{vmatrix}}{-7} = 3 \ .$$

2.
Nein, denn wegen $\begin{vmatrix} 3 & 2 & -4 \\ -4 & 1 & 2 \\ 1 & 8 & -8 \end{vmatrix} = 0$

ist das System nicht eindeutig lösbar, die CRAMERsche Regel also nicht anwendbar.

3.
$$\begin{vmatrix} 5 & -4 & 8 \\ 2 & 1 & -4 \\ 1 & -1 & 3 \end{vmatrix} = 15 + 16 - 16 - 8 - 20 + 24 = 11$$

$$x = \frac{1}{11} \begin{vmatrix} 15 & -4 & 8 \\ 4 & 1 & -4 \\ 4 & -1 & 3 \end{vmatrix} = \frac{1}{11}(45 + 64 - 32 - 32 - 60 + 48) = 3$$

$$y = \frac{1}{11} \begin{vmatrix} 5 & 15 & 8 \\ 2 & 4 & -4 \\ 1 & 4 & 3 \end{vmatrix} = \frac{1}{11}(60 - 60 + 64 - 32 + 80 - 90) = 2$$

$$z = \frac{1}{11} \begin{vmatrix} 5 & -4 & 15 \\ 2 & 1 & 4 \\ 1 & -1 & 4 \end{vmatrix} = \frac{1}{11}(20 - 30 - 16 - 15 + 20 + 32) = 1 \ .$$

4. a) $\begin{vmatrix} 2 & 1 \\ 0 & 0 \end{vmatrix} = 0$; $\quad \begin{vmatrix} 0 & 1 \\ 2 & 0 \end{vmatrix} = -2$; $\quad \begin{vmatrix} 0 & 2 \\ 2 & 0 \end{vmatrix} = -4$;

$\begin{vmatrix} 1 & 2 \\ 0 & 0 \end{vmatrix} = 0$; $\quad \begin{vmatrix} 3 & 2 \\ 2 & 0 \end{vmatrix} = -4$; $\quad \begin{vmatrix} 3 & 1 \\ 2 & 0 \end{vmatrix} = -2$;

$\begin{vmatrix} 1 & 2 \\ 2 & 1 \end{vmatrix} = -3$; $\quad \begin{vmatrix} 3 & 2 \\ 0 & 1 \end{vmatrix} = 3$; $\quad \begin{vmatrix} 3 & 1 \\ 0 & 2 \end{vmatrix} = 6$;

$$A_{\mathrm{ad}} = \begin{pmatrix} 0 & 0 & -3 \\ 2 & -4 & -3 \\ -4 & 2 & 6 \end{pmatrix} .$$

b) $A^{-1} = \dfrac{1}{|A|} A_{\mathrm{ad}}$

$$|A| = \begin{vmatrix} 3 & 1 & 2 \\ 0 & 2 & 1 \\ 2 & 0 & 0 \end{vmatrix} = -6$$

$$A^{-1} = \frac{1}{-6} \begin{pmatrix} 0 & 0 & -3 \\ 2 & -4 & -3 \\ -4 & 2 & 6 \end{pmatrix} = \begin{pmatrix} 0 & 0 & 1/2 \\ -1/3 & 2/3 & 1/2 \\ 2/3 & -1/3 & -1 \end{pmatrix} .$$

5. $\begin{vmatrix} 3 & 1 \\ 5 & 0 \end{vmatrix} = -5$; $\quad \begin{vmatrix} -1 & 1 \\ 2 & 0 \end{vmatrix} = -2$; $\quad \begin{vmatrix} -1 & 3 \\ 2 & 5 \end{vmatrix} = -11$;

$\begin{vmatrix} 0 & -4 \\ 5 & 0 \end{vmatrix} = 20$; $\quad \begin{vmatrix} 2 & -4 \\ 2 & 0 \end{vmatrix} = 8$; $\quad \begin{vmatrix} 2 & 0 \\ 2 & 5 \end{vmatrix} = 10$;

$\begin{vmatrix} 0 & -4 \\ 3 & 1 \end{vmatrix} = 12$; $\quad \begin{vmatrix} 2 & -4 \\ -1 & 1 \end{vmatrix} = -2$; $\quad \begin{vmatrix} 2 & 0 \\ -1 & 3 \end{vmatrix} = 6$;

$$A_{\mathrm{ad}} = \begin{pmatrix} -5 & -20 & 12 \\ 2 & 8 & 2 \\ -11 & -10 & 6 \end{pmatrix} ; \quad |A| = 34$$

$$A^{-1} = \frac{1}{34} \begin{pmatrix} -5 & -20 & 12 \\ 2 & 8 & 2 \\ -11 & -10 & 6 \end{pmatrix} .$$

6. $|A| = 4$

$$\begin{vmatrix} 2 & 0 \\ 2 & -1 \end{vmatrix} = -2 \; ; \quad \begin{vmatrix} 2 & 0 \\ 0 & -1 \end{vmatrix} = -2 \; ; \quad \begin{vmatrix} 2 & 2 \\ 0 & 2 \end{vmatrix} = 4 \; ;$$

$$\left. \begin{matrix} \begin{vmatrix} 1 & 1 \\ 2 & -1 \end{vmatrix} = -3 \; ; \quad \begin{vmatrix} 1 & 1 \\ 0 & -1 \end{vmatrix} = -1 \; ; \quad \begin{vmatrix} 1 & 1 \\ 0 & 2 \end{vmatrix} = 2 \; ; \\[2mm] \begin{vmatrix} 1 & 1 \\ 2 & 0 \end{vmatrix} = -2 \; ; \quad \begin{vmatrix} 1 & 1 \\ 2 & 0 \end{vmatrix} = -2 \; ; \quad \begin{vmatrix} 1 & 1 \\ 2 & 2 \end{vmatrix} = 0 \; ; \end{matrix} \right\} \Rightarrow \begin{pmatrix} -2 & 2 & 4 \\ 3 & -1 & -2 \\ -2 & 2 & 0 \end{pmatrix}$$

$$A^{-1} = \tfrac{1}{4} \begin{pmatrix} -2 & 3 & -2 \\ 2 & -1 & 2 \\ 4 & -2 & 0 \end{pmatrix}$$

$|B| = 0$, d.h. B^{-1} existiert nicht.

7. Inverse der Koeffizienten-Matrix: Koeffizienten-Matrix quadratisch und nicht singulär

vollständige Elimination: immer anwendbar
Gauß'scher Algorithmus: immer anwendbar
Cramersche Regel: Koeffizienten-Matrix quadratisch und nicht singulär

8. a)
$$A^{-1} = -\tfrac{1}{2} \begin{pmatrix} 3 & 4 \\ -1 & -2 \end{pmatrix} = \begin{pmatrix} -3/2 & -2 \\ 1/2 & 1 \end{pmatrix} .$$

b) $B^{-1} = $ existiert nicht, da $|B| = 0$.

20   Lineare Optimierung

20.1   Lineare Ungleichungssysteme

1. Die angegebene Fläche wird durch die Ungleichungen $y \geq 1$, $x \geq 1$, $x + y \leq 7$ eindeutig bestimmt.

2. a) $y \leq 5 - 0{,}5x$;   **b)** $y \leq 14 - 2x$;   **c)** $y \leq 2 + 0{,}5x$; außerdem gilt: $x \geq 0$ und $y \geq 0$. Die Gerade d) ist "überflüssig".

3.

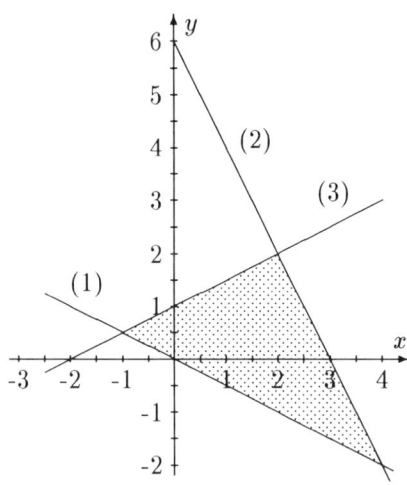

4.

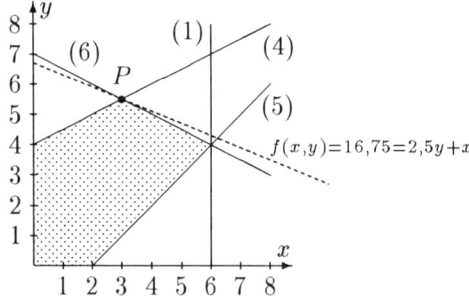

P hat die Koordinaten $(x;y) = (3; 5{,}5)$.

20.2 Graphische Lösung einer linearen Optimierungsaufgabe

1. a)   I $15x_1 + 30x_2 \leq 2.400$
    II $30x_1 + 15x_2 \leq 2.400$
   III $x_1 \qquad\qquad \geq \quad 40$
   IV $15x_1 + 30x_2 \geq 1.200$

   $G = 3x_1 + 4x_2$.

b)

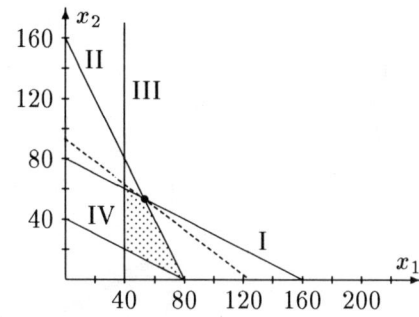

c) $x_1 = x_2 = 53\frac{1}{3}$.

2. $x_1 = 80$, $x_2 = 240$, $G = 4560$.

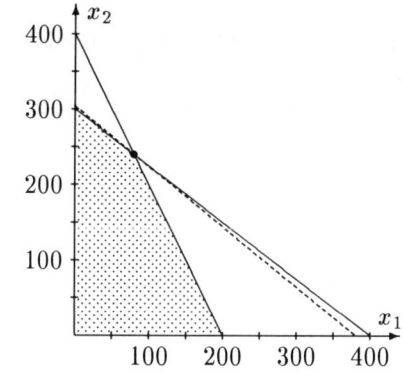

3. a)

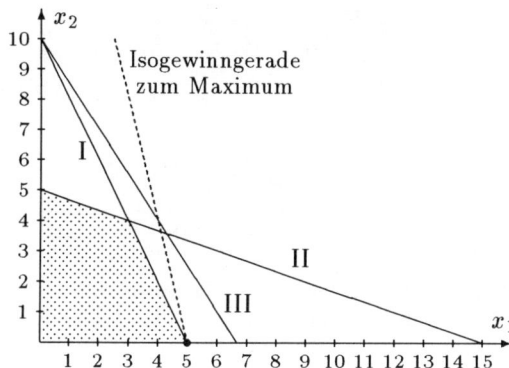

b) $0 < g_2 < 4$.

c) Ja: III .

4.

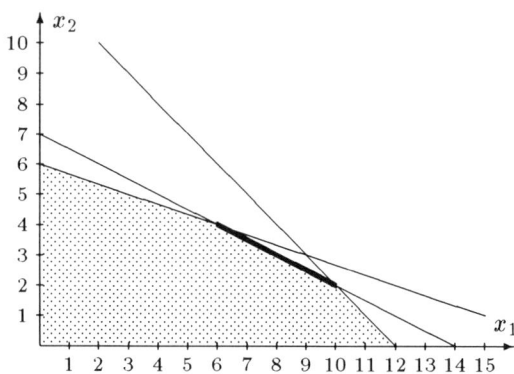

Das Maximum von G beträgt 112 und wird erreicht für

$$\begin{pmatrix} x_1 \\ x_2 \end{pmatrix} = \begin{pmatrix} 6 \\ 4 \end{pmatrix} + \lambda \begin{pmatrix} 4 \\ -2 \end{pmatrix}, \quad 0 \leq \lambda \leq 1 .$$

5. a)

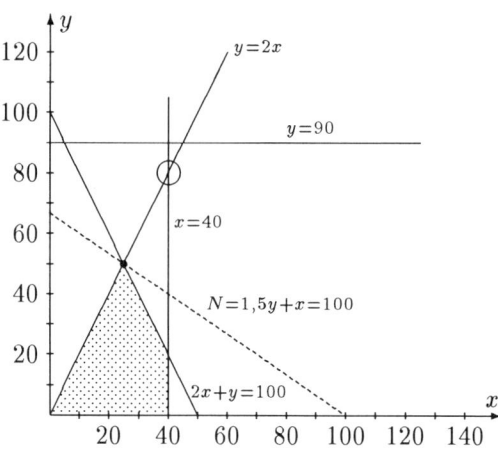

b) Die Kaufkraft kann um 60% ausgedehnt werden. Die Beschränkung lautet dann $2x + y \leq 160$. Die dazu gehörige Gerade geht dann durch den eingekreisten Punkt. Die Lösung lautet dann $(x; y) = (40; 80)$.

6.

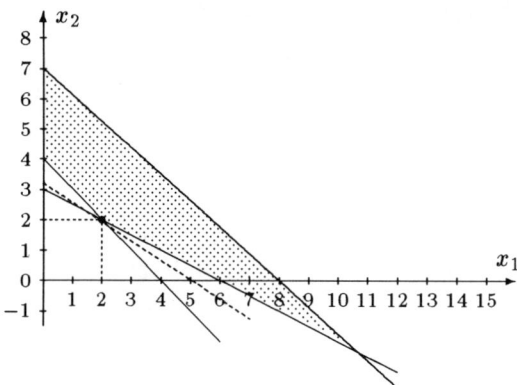

Das Minimum von Z liegt im Punkt $(2;2)$; $Z_{\min} = 3,2$.

20.3 Formulierung von Ansätzen zur Linearen Optimierung

1. $G = 10x_1 + 15x_2 + 500x_3 \to \max$. x_1 : Anzahl Enten
$20x_1 + 200x_2 + 1000x_3 \leq 6.000$ x_2 : Anzahl Ziegen
$2x_1 + 10x_2 + 100x_3 \leq 5.000$ x_3 : Anzahl Kühe

$x_2 \leq 10$; $x_1 \geq 0$; $x_2 \geq 0$; $x_3 \geq 0$.

2. a) Maximiere $G = 6x_1 + 4x_2$ unter den Bedingungen:
$2x_1 + x_2 \leq 40$; $x_1 \geq 0$;
$2x_1 + 2x_2 \leq 40$; $x_2 \geq 0$.
$x_1 + 3x_2 \leq 40$;

b) Die Bedingung für Maschine A.

3. Maximiere $G = 12x_1 + 8x_2$ unter Berücksichtigung von

I. $x_2 > 200$
II. $50x_1 + 60x_2 \leq 30.000$ $x_1 \geq 0$
III. $x_1 + 2x_2 \leq 150$ $x_2 \geq 0$
IV. $1,5x_1 + x_2 \leq 180$ $x_2 \geq 0$

Das Problem ist nicht lösbar, da sich I und III oder IV widersprechen.

20.4 Simplex-Methode

1. a) Bestimme das Maximum von $G = 2S + 1{,}5M$ unter den Beschränkungen: $2S + M \le 200$; $S + 1{,}5M \le 150$

$S =$ Anzahl der Statistik-Seiten; $M =$ Anzahl der Mathe-Seiten.

b)

S	M	y_1	y_2	G	
2	1	1	0	0	200
1	1,5	0	1	0	150
-2	$-1{,}5$	0	0	1	0

S	M	y_1	y_2	G	
1	0,5	0,5	0	0	100
0	1	$-0{,}5$	1	0	50
0	$-0{,}5$	1	0	1	200

S	M	y_1	y_2	G	
1	0	0,75	$-0{,}5$	0	75
0	1	$-0{,}5$	1	0	50
0	0	0,75	0,5	1	225

Statistik-Skript: 75 Seiten, Mathe-Skript: 50 Seiten, Gewinn: 225 EUR.

2.

x_1	x_2	y_1	y_2	y_3	G	
3	4	1	0	0	0	24
1	[4]	0	1	0	0	16
2	1	0	0	1	0	12
-10	-20	0	0	0	1	0

x_1	x_2	y_1	y_2	y_3	G	
$\boxed{2}$	0	1	-1	0	0	8
0,25	1	0	0,25	0	0	4
1,75	0	0	$-0,25$	1	0	8
-5	0	0	5	0	1	80

x_1	x_2	y_1	y_2	y_3	G	
1	0	0,5	$-0,5$	0	0	4
0	1	$-0,125$	0,375	0	0	3
0	0	$-0,875$	0,625	1	0	1
0	0	2,5	2,5	0	1	100

Die Optimallösung lautet: $x_1 = 4$; $x_2 = 3$; $y_3 = 1$; $G = 100$.

3.

x_1	x_2	y_1	y_2	y_3	G	
2	4	1	0	0	0	20
2	2	0	1	0	0	12
4	0	0	0	1	0	16
-2	-3	0	0	0	1	0

x_1	x_2	y_1	y_2	y_3	G	
0,5	1	0,25	0	0	0	5
1	0	$-0,5$	1	0	0	2
4	0	0	0	1	0	16
$-0,5$	0	0,75	0	0	1	15

x_1	x_2	y_1	y_2	y_3	G	
0	1	0,5	$-0,5$	0	0	4
1	0	$-0,5$	1	0	0	2
0	0	2	-4	1	0	8
0	0	0,5	0,5	0	1	16

Das optimale Programm lautet: $x_1 = 2$; $x_2 = 4$. Im Optimum wird ein Gewinn von 16 (GE) erzielt.

4. Richtig sind: **d)**, **e)**, **h)** und **i)**.

5. a) $x_1 = x_2 = x_3 = 0$; $x_4 = 50$; $x_5 = 30$; $y_1 = 40$; $y_2 = y_3 = 0$;
$G = 420$.

b) $x_1 = x_2 = x_3 = 0$; $x_4 = 55$; $x_5 = 25$; $y_1 = 40$; $y_2 = y_3 = 0$;
$G = 430$.

c) $G = 480$
Begründung in Stichworten:
Falls b_2 um mehr als 60 Einheiten erhöht würde, bekäme x_5
einen negativen Wert. Für $b_2 = 100 + 60$ Einheiten ergibt sich
der Gewinn $420 + 1 \cdot 60 = 480$.

6. $x_1 = $ Hühner; $x_2 = $ Enten; $x_3 = $ Truthähne
$G = 1{,}5x_1 + x_2 + x_3 \rightarrow \max$.
$$x_1 + x_2 + x_3 \le 500 \qquad x_1 \ge 0;\ x_2 \ge 0;\ x_3 \ge 0$$
$$x_2 \qquad\quad \le 300 \,.$$
Das Gewinnmaximum ergibt sich bei 500 Hühnern.

7. a) $x_1 = 50$; $x_2 = 150$; $x_3 = 300$; $G = 850$.

b) Ja, da y_1 und y_2 Nichtbasisvariablen sind.

c) Das neue Programm kann mit Hilfe der y_3-Spalte errechnet werden:
$x_1 = 50 + 1 \cdot 8 = 58$
$x_2 = 150 - 0{,}625 \cdot 8 = 145$
$x_3 = 300 + 0{,}5 \cdot 8 = 304$
$G = 850 + 0{,}63 \cdot 8 = 855{,}04$.

8. a) Anlage A und B, da die Hilfsvariablen nicht in der Basislösung sind.

b) Um 1 EUR, Schattenpreis in der letzten Zeile.

20.5 Minimierungsaufgaben und Dualtheorem

1. x_1, x_2, x_3: Anzahl der Packungen von Großhändler 1, 2, 3. Minimiere: $K = 10x_1 + 12x_2 + 15x_3$ unter den Nebenbedingungen

$$
\begin{aligned}
2x_1 + 4x_2 & & \ge 10 \\
5x_1 + 4x_2 + 10x_3 & \ge 40 \\
20x_1 + 4x_2 + 10x_3 & \ge 100 \\
\end{aligned}
$$
$$x_1 \ge 0;\ x_2 \ge 0;\ x_3 \ge 0 \,.$$

2. Duales Maximierungsproblem:

Maximiere $G = 20x_1 + 30x_2$ unter den Bedingungen:

$2x_1 + x_2 \leq 200$
$x_1 + x_2 \leq 120; \quad x_1 \geq 0$
$x_1 + 3x_2 \leq 240; \quad x_2 \geq 0$

x_1	x_2	y_1	y_2	y_3	G	
2	1	1	0	0	0	200
1	1	0	1	0	0	120
1	③	0	0	1	0	240
-20	-30	0	0	0	1	0
$\frac{5}{3}$	0	1	0	$-\frac{1}{3}$	0	120
$\boxed{\frac{2}{3}}$	0	0	1	$-\frac{1}{3}$	0	40
$\frac{1}{3}$	1	0	0	$\frac{1}{3}$	0	80
-10	0	0	0	10	1	2400
0	0	1	$-2,5$	0,5	0	20
1	0	0	1,5	$-0,5$	0	60
0	1	0	$-0,5$	0,5	0	60
0	0	0	15	5	1	3.000

Optimallösung:

$y_2 = 15; \; y_3 = 5; \; y_1 = 0; \; K = 3.000$.

3. a) $x_1 = 75\frac{1}{3}$, $x_2 = 9\frac{1}{3}$, $x_3 = 0$, $y_1 = y_2 = 0$, $K = 94$.

b) Verringerung um $\frac{1}{5}$.

4. a) Minimiere $K = 4x_1 + 0,8x_2 + 3x_3$ unter den Nebenbedingungen

$$220x_1 + \qquad\qquad 100x_3 \geq 120 \qquad x_1 \geq 0$$
$$200x_1 + 100x_2 + 500x_3 \geq 120 \qquad x_2 \geq 0$$
$$300x_1 + 400x_2 + 400x_3 \geq 200 \qquad x_3 \geq 0$$
$$10.000x_1 + 2.800x_2 + 5.500x_3 \geq 5.000$$

b)

y_1	y_2	y_3	y_4	x_1	x_2	x_3	K	
220	200	300	10.000	1	0	0	0	4
0	100	400	$\boxed{2.800}$	0	1	0	0	0,8
100	500	400	5.500	0	0	1	0	3
-120	-120	-200	-5.000	0	0	0	1	0

21 Transportproblem

1. a)

	$E1$	$E2$	$E3$	$E4$	
$V1$	50	10			60
$V2$		30	50		80
$V3$			20	40	60
	50	40	70	40	

b)

	$E1$	$E2$	$E3$	$E4$	
$V1$	50	*1*	*1*	10	60
$V2$	*1*	10	70	*1*	80
$V3$	*4*	30	*5*	30	60
	50	40	70	40	

Die Kostenänderungswerte der nicht benutzten Transportwege sind
kursiv eingetragen.
Bei der Optimallösung betragen die Kosten $K = 330$.

2.

	S1	S2	S3	S4	
O. Berschlau	10	10			20
B. Trogen		5	20	10	35
G. Rissen				15	15
	10	15	20	25	70

3.

	Barcelona		Sevilla		Alicante		Madrid		Überschuß		
Saragossa	3 3 2	0	6 6 3	0	7 7 5	0	1 1 0	8	0 0 0	0	8 0
Malaga	1 1 0	5	7 7 4	0	6 6 4	0	2 2 1	4	0 0 0	7	16 0
Valencia	4 4 3	0	3 3 0	6	2 2 0	7	3 3 2	0	0 0 0	1	14 0
	2	5	3	6	4	7	1	12	0	8	

4.

Lager Filiale	1 5		2 2		3 −3		4 −5		
A 0 Brötchenst.	5 ■	10	2 ■	15	10 +13 ■		6 +11 ■		25
B 8 Kuchendorf	1 −12 ■		10 ■	5	5 ■	15	3 ■	10	30
C 15 Plätzchenh.	10 −10 ■		2 −15 ■		2 −10 ■		10 ■	10	10
D 7 Tortenburg	4 −8 ■		5 −4 ■		5 +1 ■		2 ■	5	5
	10		20		15		25		70

Es treten negative Kostenänderungswerte auf ⇒ Ausgangslösung ist nicht die Optimallösung.

5.

Empfänger / Versender	Berlin	Bochum	Bremen	Burg-windheim	Vorrat	Vorrats-Menge
Gas. A	50 [300]	80 [200]	50 [ ]	90 [ ]	0 [ ]	500
Gas. B	50 [ ]	30 [300]	80 [500]	40 [ ]	0 [ ]	800
Gas. C	70 [ ]	50 [ ]	100 [100]	20 [200]	0 [400]	700
	300	500	600	200	400	2.000

Es muss ein fiktiver Empfänger (VORRAT) eingeführt werden, da die Summe der angeforderten Mengen (1.600) kleiner als die Summe der bevorrateten Mengen (2.000) ist.

6. a)

	A_1	A_2	A_3	A_4	
B_1	60 [5]	10 [5]	50 [10]	10 -70 [ ] $-$	20
B_2	20 -10 [ ] $-$	80 100 [ ] $-$	20 [5]	50 [5]	10
	5	5	15	5	

$K = 1.200$

	A_1	A_2	A_3	A_4	
B_1	60 [5]	10 [5]	50 [5]	10 [5]	20
B_2	20 -10 [ ] $-$	80 100 [ ] $-$	20 [10]	50 70 [ ] $-$	10
	5	5	15	5	

$K = 850$

	A₁		A₂		A₃		A₄		
B₁	60	*10*	10		50		10		20
	▦	–	▦	5	▦	10	▦	5	
B₂	20		80	*100*	20		50	70	10
	▦	5	▦	–	▦	5	▦	–	
	5		5		15		5		

$K = 800$

b) Die Kosteneinsparung beträgt 33 1/3%.

22 Graphentheorie

1. a)

b) e_1, e_3, e_6;   **c)** k_3, k_4, k_5 und k_2, k_7, k_8 .

2. $\gamma(e_1) = 2$; $\gamma(e_2) = 3$; $\gamma(e_3) = 3$; $\gamma(e_4) = 4$;
$\gamma(e_5) = 2$ $\gamma(e_6) = 0$ $\gamma(e_7) = 1$; $\gamma(e_8) = 3$
Minimalgrad: 0;   Maximalgrad: 4 .

3. **a)** k_4, k_1, k_2, k_3 **b)** e_1, e_2, e_3, e_4
k_4, k_3, k_2, k_1 e_2, e_1, e_3, e_4
k_3, k_2, k_1, k_4 e_4, e_3, e_2, e_1
k_1, k_2, k_3, k_4 e_4, e_3, e_1, e_2

4. **a)** e_4, e_5;   **b)** (e_4, e_5) ; (e_5, e_6) ; (e_5, e_7);   **c)** 2 .

5. **a)** $k_2, k_6, k_{13}, k_{15}, k_{16}$;   **b)** Quellen: keine;   Senken: e_7, e_{10};
c) e_1, e_2, e_3, e_{11} .

6. **a)** 4;   **b)** k_6, k_{10};   **c)** k_1, k_6, k_8 .

7.

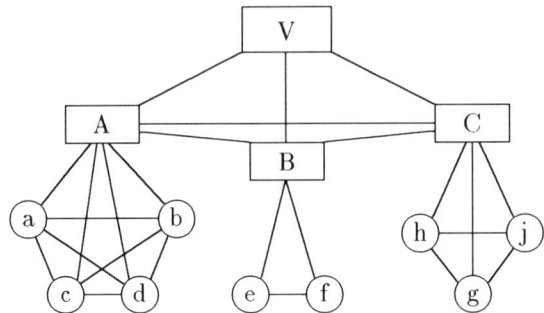

8.

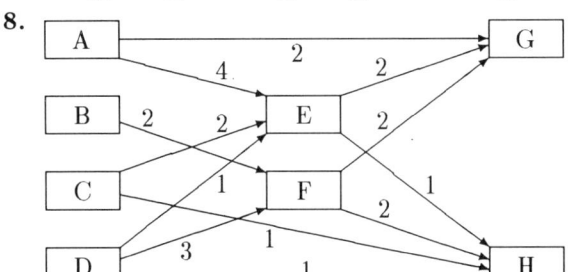